北海道山菜誌

山本　正
高畑　滋
森田弘彦

北海道大学出版会

まえがき

最近、山菜に関する本は多く、書店の実用書コーナーには山菜の採り方、料理法を紹介する美しい本が並んでいて、眺めているだけでも楽しい。忙しい都会の人達は、仲々山菜採りにも行けないから、せめて本の中で醍醐味を味わってもらおうというのか親切にできている。しかし、本書はこのような山菜のガイドブックをねらったものではない。

人間は、大昔は食糧を手に入れるのが大変で、常に飢えとたたかっていた。そして、その飢えからの解放が人間の社会を進歩させてきた。食べものをめぐる文化こそが人間らしさの源だといってよい。食べものを通じて自然界のことを知り、狩猟や農耕技術を発展させて現在の高い技術をつくりあげてきた。これからも人間と食べものをめぐる問題は、永遠の課題として続くことであろう。食生活をみれば病気やものの考え方まで当てられるという人もいる程で、食べものと人間とをめぐる問題にはさまざまなものがあるが、この歴史を明らかにし、これからどうなっていくだろうかと考えることは、いま大切なことである。

本書では、山菜という、ともすれば趣味のものでしかないと思われているものが、実は大きな背景をもっているのだということを示そうと思う。山菜を通じて本当の食物とは何かを論じ、正しい食文化の発展を考えること、山菜や野草の分類、分布、生態を、植物学から説明し、身近かに科学に触れてもらうことと、山菜と人間とのかかわり合いの歴史を明らかにすることによって、山菜文化の現代的意義を主張し、同時にわれわれの祖先が歩んだきびしい生活のあとを明らかにすること、これらが本書を書くに至った動機である。

狩猟・採取時代から農業といえるものが始まったのは、有用な山菜・野草を家のまわりに植えておいたことからはじまる。作物のルーツをたどれば、すべて何処かの野草である。思えばわずかの期間に、作物はめざましい変化をとげることになったものである。本書でとりあげたトコロのようにどういうわけか途中で使われなくなってしまった植物もある。

それぞれの作物について歴史的な考察をすすめた仕事は数多くあるが、作物の原形である山菜について、人間との関係を明らかにしようとした試みはなかった。時代によって山菜や野草を利用する意義は異なっているが、現代のように食糧が量的には多いものの、汚染食品やにせもの食品がはびこっている時代の山菜には、今までの役割とはちがって、警世的な役割を期待したい。「真の豊かさとは何か」「文明の見直し」「人間の生存に必要な科学」など、小さな山菜にも背負いきれないほどの新しい意義があるものだ。ささやかな本書だけで、山菜のもつ現代的使命を十分訴えられるとは思わないが、自然に生えている山菜にも、人間との奥深いかかわりあいがあることを感じていただければ幸である。

目　次

第II部……九三

目次

第Ⅰ部

1　食物としての山菜

いのちの源

食料の豊富にある現在では、山菜というと趣味のたべもの、贅沢な食事に飽きた人がたのしみだけで食べるものとみられているようである。しかし、食物の最も大事な役割は、生命を維持するエネルギー源であり、明日への生長の源であるというところにあって、生物としての人間を支配する最も基本的なものであるといえる。この食物としての基本が忘れられているところに変な食品が出まわるスキがある。食物は毎日とらなければならないから、ほんのちょっとした偏食でも、長い間には体に大きな影響をおよぼす。肉食の思想とか、米食民族の考えかたというようなことが話題にされるように、食生活が性格にまでひびいてくることは古くから指摘されていた。つまり、食物は体をつくり運動のエネルギー源になるだけではなく、高度な精神活動を支え文化の発展のもとになっている。昔の食生活改善の啓蒙書は、カロリーの増加と蛋白質の重要性を強調し、体位向上をめざしていたが、最近の食生活に関する本では、美しくやせるためにといって逆になってしまった。そのかわり、頭が良くなる食事とか、イライラがなくなる食生活というように、もっぱら精神活動のための食物が強調される。健康な肉体に健全な精神が宿るので、やはり体づくりと健康維持が基本であって、もう一度食物の意義を考えなおす時にきている。食物は安全で健康に役立ち、明日のエネルギー源になるものという原点に戻るべきである。

食の問題は、人間が動物であることを否応なしに感じさせる基本的なものであると同時に、動物との大きな差を示すものともなっている。つまり、食事を単なる生命の糧としてだけではなく文化の段階にまで高めているのが人間であるともいえる。しかし、食文化の発達する方向は、人間の幸福度を増す方向でなければならず、そのためには人間にとって不健康なものであってはならないのである。たとえば、食生活の上で「軽便さ」は一つの進歩の方向ではあるが、そのために粗悪なインスタント食品が出まわることは避けなければならない。味覚や視覚を満足させるために有害な添加物が入るとすれば文化の進歩ではない。自然食品ブームの方向も、今までの進歩をすべて否定する反科学的方向ではなくて、食文化の名のもとに食物としての本質をはずれた危険な食品をただすという立場からすすめられなければならない。

私たちがここで食物としての山菜を強調するのも、正しい食文化発展への貢献をめざしたいからである。山菜はかつては救荒食品として、文字どおり生命の綱として重要であったが、現代にこの役割を強調しようとも思わない。来るべき食糧難の時代に備えて、食べられる野草の知識を持つべきだといっても本気にはされまい。また本気にされるようだと食糧の生産技術の一翼をになうわれわれ農学研究者は失格してしまう。山菜は、本物だけが持つ色・味・香り、形で高度に発達した味覚を満足させるものであり、なおかつ健康に役立つものである。それゆえに現代人にとっては食文化の一つの方向を示しており、山菜に新しい意義を与えて「山菜文化」と称する所以である。

救荒食

今は山菜や野草を食糧の補いとして採る人はいない。まったくの楽しみとして山菜を摘み、食生活に変化を与えている。しかし、日本人が飢餓を忘れてからそれほどの年数が経っているわけではない。世界をみれば今でも食糧不足のところは少なくない。一九七九年のバングラデシュの干ばつによる大飢饉では国民の三分の一の人が飢餓状態であった。日本では江戸時代の天明の大飢饉（一七八三〜一七八七年）と天保の大飢饉（一八三二〜一八三七年）がひどかった。天明三年から四年にかけての一年間で奥州（秋田・山形を除く東北地方）だけで十万二千人の餓死者と五万人の疫病死者をだしている。それから五十年後の天保飢饉では、全国的な冷害であったにもかかわらず死者の数は天明飢饉の時よりもずっと少なくてすんだ。これは天明飢饉を教訓にして救荒対策がおこなわれるようになったからだともいわれている。その一つは米の流通管理を強化する政治的な整備であり、その二は官民共に食糧の備蓄を増すこと、三に救荒食の普及が挙げられる。

人間飢えればひとから教えられなくても、野山のものを何でも食べるようになる。しかし、そのなかには有毒のものを食べて死んだり、加工法がわからずに不消化であったりというのが出てきて、正しい救荒食の知識を普及させる必要もあった。

天明飢饉の頃食べられたものにワラ団子があるが、これも天明三年九月に幕府から「藁餅の製法」としてお触れが出されている。これによれば、生藁をおよそ半日間水に浸し、よく泥を洗い落とし、穂の部分をとって根元の方からこまかく刻む。これを蒸して干し上げ炒って挽臼でひく。この藁の粉末一升に米の粉二合を入れてよくこねて餅のようにして蒸す。これを味付けして食べたというのだが、現代の人にはどうであろうか。

天明の飢饉の時に救荒対策が良くて餓死者も少なかったといわれるのが、出羽米沢藩と肥後熊本藩。米沢藩主上杉鷹山は小藩からの養子で藩の財政を立て直した名君といわれる人で、農本主義者であった。農業の振興をはかると同時に各村に備籾蔵というものをたてて籾の備蓄を強化した。鷹山の功績は大きく後世に残る著作も多いが、そのうちの一つに『かてもの』という山菜・野草の食べ方をあらわした本がある。かてものとは食事に混ぜるものをさすが、鷹山はこの本を通じて質素な気がまえを強調し、さらに飢饉の時のそなえとしての知識をおしえたものであろう。

熊本の細川銀台も部屋住みの経験を生かして、贅沢を抑え勧農に努めた。熊本藩が天明飢饉をのりきったのには銀台の思いきった米価抑制策があったからだといわれ、飢饉には社会経済的要因が強いことが明らかである。最近いわれている食糧危機にも社会経済的側面が強い。つまり作られた食糧危機であり、高い農業技術と地味豊かな農地を持ちながらの食糧危機であって、これが食糧戦略の一つでなくて何であろう。大量の輸入食糧資源をもとにした加工食品が氾らんする中での飢饉とは、腹いっぱいつめこんだ食べものによってむしばまれていく健康と、のどもとを外国に握られている不安感とからおこっている。これに対する救荒食としても山菜・野草が必要で、上杉鷹山も強調したように山菜を通じて日頃のたべものに対する知識を喚起する効果が大きい。

危険な食物・安全な食物

本来は健康に役立ち明日へのエネルギー源となるべき食物に有毒なものが含まれているとしたら大変なことである。しかし、現実には、ヒ素ミルク事件やPCB汚染食用油、カドミウム米、水銀汚染魚など、食品を通じた公害事件が数多い。水俣病ほど悲劇的な公害は今後絶対におこしてはならないが、汚染物質は確実に増えてひろがっているので、いわゆる複合汚染が心配されるこの頃である。

たべものの中毒では、急性の毒物質で汚染される危険もさることながら、少量の有毒物質を長期間摂取しておきる慢性中毒のほうがたちが悪い。急性中毒はすぐにあらわれるので、汚染の拡散をくいとめやすいが、慢性中毒は何が原因なのかもはっきりしないまま広い範囲にひろがる危険がある。原因不明のほかに自覚症状がないほど正常と異常の差が少ないのも普通で、合併症としてあらわれる例も多い。

有害な色素、人工甘味料、保存料など加工の段階で加えられる添加物に有害なものが多いのだが、原料の段階から、栽培や飼育の過程で加えられる農薬や生長ホルモン、抗生物質が残留することも気をつけなければならない。

インスタント食品の中には、特に有害な添加物が含まれていなくても、合成食品特有の片寄った栄養成分のものが多いので、急用の時に間に合わせに食べる程度ならばいいが、常食したりしていると弊害が出てくる。柳沢成人病研究所長の著書に、インスタントラーメンばかり二年間食べつづけて死んだ独身者の話が出てくるが、これは極端な例としても、私たちの研究室に東南アジアから留学生が来ていたことがあり、彼がインスタントラーメンを好むこと異常なほどで、一度に六人前を平らげわれわれをびっくりさせた。安いものだし、自分で簡単に調理できるので、毎日食べていたようだった。半年くらいで目にみえて肥りだし、パスポートの顔写真とも別人のようになってさすがに食生活に気をつけるようになったが、考えたら恐ろしい状態にあったのだと思う。食品公害については多くの啓蒙書が出され添加物の規制もすすんではいるが、環境汚染が食物連鎖で濃縮される危険や、複合汚染、抵抗性低下という傾向はむしろ悪化しているのである。

最近の山菜ブームの中にも、このような危険な食品の氾らんに対する反発から、山菜は汚染されていない食品という安心感がはたらいてブームになっていることもあるのではないだろうか。

これに対して、一部の食物学者から、山菜にも毒があるとか、ヒマ人の気やすめでしかないとかいって水をかける発言もある。何も山菜や野草、自然農法の食品だけで問題が解決するとも思っていないし、この世の中自分だけが汚染から安全になれる状態でもないのは事実である。しかし、山菜ブームは消費者の一つの意志表示であって、より安全なもの、添加物の少ないものを求める運動と考えられる。野山から採れるフキやワラビは安全食品ですよというキャッチフレーズは、逆に栽培物や加工物は危いですよと不信の眼でみられていることになる。ワラビやフキにも発ガン成分があるというのは、アク抜きも調理もしないで大量に摂取した場合にみられるということで、食品添加物として加えられる化学物質とは本質的にちがう。現在の食品工業や食生活に対する警鐘という程度の山菜ブームでは、山菜も毒だというのは当らない。今晩おでん屋で一杯やる時にも、一番安全なたべものとしては、まずワラビとフキを挙げておいて間違いないだろう。

生　薬

英語で草本のことをハーブというが、これには薬草という意味もあって、人間が草を利用するなかには、薬草効果を期待する比率が高かったことがうかがえる。チェコスロバキアで出版された *Herbs* という本には、九十八種の薬草が解説されている。スエーデン系アメリカ人のピーターソン氏による *Edible Wild Plants* には、三百七十種の植物がとりあげられているが、この本のねらいとしても、キャンプでの楽しみと共に薬用効果を強調している。

一般に植物の根とか種子、動物の角、内臓など天然物を薬品としたものを生薬というが、生薬を漢方薬と同一視している人も多い。しかし、漢方というのは生薬の一つの使用法であって、それぞれの地方に生薬の使い方の伝統があるのである。日本固有の生薬を和方薬ともいって、センブリ、ゲンノショウコ、ドクダミ、オトギリソウのようななじみの深いものが挙げられる。

しかし、なんといっても古代医学で最も整備されたものが漢方であって、紀元前二八〇〇年頃神農という皇帝が自ら、百草を嘗めて一草を知るという努力をかさねて基礎をつくったといわれる。漢方薬では、上薬、中薬、下薬とわけられており、上薬は日常服用して生命を養うもの、気力増進剤である。中薬は体力増進剤で、上薬とあわせて病気にかからない健康体を維持することが基本となる。下薬に至ってはじめて病気を治す目的の薬が登場する。それでも単に症状を抑える薬ではなくて、新陳代謝を通じて病気を追い出してしまおうという薬が多い。漢方薬には発汗剤とか利尿剤、下剤が多いのはこういう考え方による。

山菜や野草にも上薬としての役割を期待したい、少なくとも食生活を見直すきっかけともなってほしいと思っている。やたらに薬に頼るのではなくて、正しい食生活によって病気に対する抵抗力をつけることが大切である。山菜の中には薬用植物としても通用するものが数多くあり、有効成分も調べられている。糖類と水酸基（-OH）を持つ有機化合物が結合した配糖体であるサポニンなどの効果もその一つである。しかし、複雑な成分が入り混って総合的な効果をあらわすので、単独の成分だけを有効成分というわけにはいかないし、実際にもわかっていないものが多い。

野草と山菜の薬用効果

利尿	ドクダミ、アキノキリンソウ、イソツツジ、ウツボグサ
下剤	ニワトコ、ギシギシ、クサノオウ
解熱	ツリガネニンジン、タラノキ、ハマボウフウ
健胃	ニガキ、キハダ、ゲンノショウコ、エゾリンドウ、タンポポ
止血	アザミ、ヤドリギ、オグルマ、ワレモコウ、コウホネ
鎮痛	ヤマシャクヤク、ウド、エゾエンゴサク
風邪	コブシ、ギョウジャニンニク、クズ、キキョウ、コブシ
強精	イカリソウ、クロミノウグイスカグラ、ウコギ、マタタビ
駆虫	サンショウ、カヤ、クルミ
腫物外用	ミズバショウ、ドクダミ

そのかわり永年かかって薬効が実証されてきたという重みがある。

野草や山菜の薬用効果を参考までに表にまとめておいた。これはあくまでも野草と山菜を楽しむためのおまけのようなもので、もし病気をお持ちの方が薬用として使われる場合には医者と相談をして、摂る量や期間をきめなければならないものである。

外国の味・日本の味

旅をする楽しみの一つに、知らない土地で珍しいたべものに出合うことが挙げられよう。名物を食べに行くツアーのようなものにも人気が集まっている。これが外国旅行であればなおさら興味がそそられる。しかし、たべものに保守的な人もいるようで、たべものが心配で外国旅行にはどうもと尻込みする人もいる。本多勝一氏の『極限の民族』にあるような海獣の臓物を生で食べるとか、イモだけの生活とかは真似ができないけれど、極限ではない普通の外国の食生活には何とか適応できるものである。外国人の友人宅で家庭料理をごちそうになった時に、「これはあなたには食べられないと思いますけど」と出されたものに、ドロドロの軟質チーズがあった。カビチーズの一種で強いかおりがするが決して口に合わないものではなく、「これはおいしいチーズだ」といってペロリと平らげたところ、逆に「なんだギブアップすると思っていたのに」と期待はずれの顔をされた。最近では日本でもいろいろなナチュラルチーズが出まわっているから珍しい食物というものでもなくなったかもしれない。若い人には日本の古くからある食物のほうがよっぽど珍しいらしく、長崎名物のカラスミを出したところ、「どこの国のチーズですか」と聞かれたことがある。魚の卵巣を塩漬けにして圧搾乾燥したというカラスミは、魚ぎらいの外国人に食べさせても魚の内臓だとは知らずに食べるのではないだろうか。先日、ミュンヘンからはじめて日本に来たという青年に、ありあわせのもので食事をしてもらうということになり、ごはんとみそ汁はつくったものの、冷蔵庫をさがして出てきたのは鯛味噌。説明に苦労はしたが、「このペーストは御飯にぬって食べるものである」といったらダンケシェーンとばかりに鯛味噌で御飯をおかわりした。大変にうまいものであるという。こうなると外国人だから味覚にちがいがあるというのは偏見で、日本人の中の好き嫌いの範囲内に含まれてしまうのではないだろうか。外国人は海苔はだめ、刺身はだめなどといわれるが、この青年はなんでもよく食べた。食物に興味があるという私に、自分が生れて育ったスコットランドのたべものの話をしてくれた。両親は今でも古い城の城番として暮らしているという。美しい花にかこまれた質素な感じさえする古い城のスライドを何枚もみせてもらって、私は景色よりも、青年のお母さんはどんな料理をつくってくれるのだろうかと食いしん坊な想像にふけった。

スエーデン系アメリカ人のピーターソン親子が「食べられる野生植物のフィールドガイド」という本を一九七八年に出しているが、子供の頃にスエーデンの湿原でマーシュ・マリゴールド（エンコウソウ）の若芽を摘んだり、ニワトコの実をとったりした体験がもとになっているようだ。スーパーマーケットの野菜の値段も高くなっているから安上りにとかいっているが、これで増える人口を養おうというのではなく、キャンプなどで楽しみながら自然を知ってもらう、つまり、食べられる植物を通じて植物の分布とか自然の循環、植物の器官のなりたちなどを知る効果をあげている。また、野生の植物の中には栽培種にくらべてたくさんのビタミンやミネラルを含んでいるということを通じて、普段食べている食品を見直すなど、私たちとまったく同じ趣旨で野生の食用植物をすすめているので同感である。ピーターソン氏の仕事は、健康食品を扱う店にパンフレットとして置かれているそうだから啓蒙家でもあるのだろう。病める文化に対して野外療法を説くあたり、日本の状況とまったく同じとみる。ここにも外国と日本の差を感じさせないわが同志がいる。

走って集める馳走

禅寺の息子である友人から聞いた話に「ご馳走」の謂《いわれ》があった。文字どおり馳けて走りまわって集めてきた新鮮な山菜が客人をもてなす最高の料理になったというものである。この話を聞いた時には、うまくこじつけたものだと妙なところで感心していたが、よく考えるとなかなか大切なことをあらわしている。山菜や木の芽はできるだけ新鮮なもののほうがよい。若い芽は活発に新陳代謝をしているので、摘んでから時間が経つと甘みのもとである糖類などが減って味が落ちる。まさに馳けて走って摘んできた味の落ちない材料を使った料理がご馳走なのである。北海道の名物グリーンアスパラなどはその良い例である。トウモロコシや枝豆のように完熟前の子実も同じように味が変りやすく、収穫してから料理するまでの時間が問題とされる。家庭菜園ではまず鍋に湯をわかしてから収穫すべきだといわれるくらいである。

緑の植物は、炭酸ガスと水とを太陽エネルギーを使って有機物にする光合成作用があることはよく知られている。しかし、植物も生長や生命維持にエネルギーが必要なので酸素を吸って炭酸ガスを出す呼吸をしていることは意外に知られていない。生長の盛んな部位では糖を酵素の働きで分解し、いろいろな有機物を経て炭酸ガスと水にまで酸化される反応が強いということで、代謝が活発であるともいわれる。各種の蔬菜について呼吸量が測定されていて次頁の図のとおりである。各作物とも食用になる状態で収穫し、温度を二五度にして二時間後に測ったもの。休眠状態にあるタマネギやジャガイモはほんの少ししか呼吸していないのにくらべて、代謝が活発なもののほど呼吸量が多いことがわかる。できるだけ早く走って集めたものを料理すればおいしい理由が科学的にも証明されたことになる。

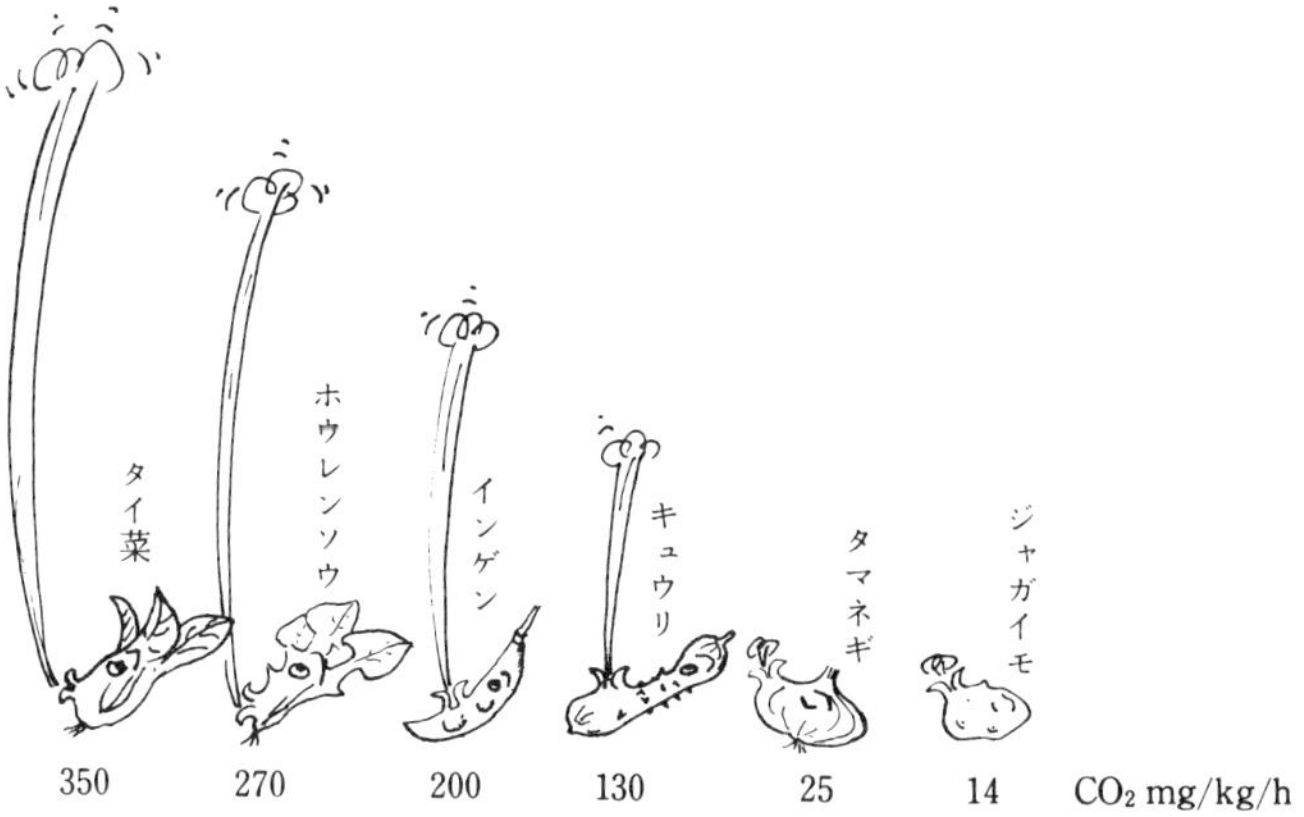

新陳代謝が活発なものほど呼吸量が多い（収穫後，25℃，２時間後に測定）

同じ生物であっても肉の場合は必ずしも新しいものが良いとはいえない。動物の筋肉も血液を通じて送られた酸素によってグリコーゲンを酸化してエネルギーを得ているが、と殺されて肉塊になると半日から一日くらいの間に分解生成物の酸によって蛋白質が凝固するいわゆる死後硬直という現象がおこる。この時に食べても硬くておいしくないので、肉は普通一定期間熟成をさせる。これは自己消化ともいわれるように、タンパク質分解酵素の働きでタンパク質の加水分解が進むからで、そのため肉は軟らかくなり風味を増す。この熟成に要する日数は温度〇～マイナス二度、湿度八五～九〇％の条件下で牛肉は十四日、豚肉は四日といわれている。だから肉のほうは別にあわてて走って料理する必要はないわけで、ゆっくり熟成しておいしくなったものが最高とされる。こっちは「ご遅走」というべきか。

強烈なる臭い

山菜の魅力は野の香り。季節感を味わうのには色や舌ざわりもさることながら何といっても香りがきめ手となる。フキノトウ、ミツバ、ウド、ハマボウフウ、サンショウなどが香りを食べる山菜の代表格といえよう。香りというよりは臭みだといわれるのがアイヌネギ。アイヌネギの中にはニンニクと同じ臭いの成分であるアリシンが含まれているので、ニンニクとニラをあわせたような強烈な臭いがする。しかし、このアリシンが強い殺菌作用と蛋白質やビタミンB_1と結合して消化しやすくさせるもとになっているので、匂いこそがニンニクの生命なのである。ベストセラーズになった『にんにく健康法』では、ニンニクの効用を科学的に裏づけて食べ方を解説しているが、ニンニクの臭いを悪臭として消臭手段についてかなりのページをさいている。これに対して『朝鮮食物誌』の鄭《チョン》氏は『にんにく健康法』が百万部以上も売れたとは、ニンニクくさいといって朝鮮人を蔑視してきた日本人が、本当はニンニクの効用について大きな関心をもっていた証拠だと皮肉っぽく語っている。さらにニンニクこそは、朝鮮民族が数千年かかってつくりあげた文化のもとなのであると強い誇りをもってニンニクを紹介している。ニンニクを食べるとあまりにも精力がつきすぎるために、仏教の戒律として「葷酒山門に入るを許さず」といって禁じられてしまった。この影響でニンニクの臭いに対して偏見が生じたのだと思う。ひとそれぞれに体臭があるのはあたりまえであり、それをお互いに認めあわなければ社会はなりたたない。臭いで人を差別するのは顔の色で差別するのと同じに野蛮としかいいようがない。ましてニンニクの臭いについてはみんなが不快というものではなく、ラテン系の人たちは、快い香りと受けとっている。ニンニクを口にふくんで、ひろがる香りを楽しみながら酒を飲むのを無上の楽しみにもしているという。

アイヌネギも、語源は明らかに蔑称であり、本州ではギョウジャニンニクといって敬まっていたものである。アイヌの人たちはこの草をプクシャ（いやな臭いの意味）といって、厄除けに軒につるしておいたという。こんな使いかたはニンニクとまったく同じで、ニンニクも伝染病などを避けるために軒につるされた。このように、ニンニク臭は人間の健康と生命を守るシンボルのようなものであって、くさいからといって毛嫌いすべきものではない。不必要に周囲の人々に臭い息をふきかけることは慎しまなければならないが、身だしなみをよくした上で、自然に出てくる体臭まで気にすることはない。辛《つら》い仕事が終った後に、ギョウジャニンニクに味噌をつけてかじり、焼酎を飲むくらいのことに遠慮はいらない、それが疲労回復、健康増進に一番であって明日の文化をつくり上げる健全な食生活なのだ。わが郷土の山菜の王者アイヌネギをもっと大切にしよう。この臭いも健全なる山菜文化のシンボルとして誇りに思いたいものだ。

薬味・スパイス

薬味はもともとの意味は文字どおり薬であったにちがいない。現在ではスパイスと同じような意味で使われ、食物に香り・風味・辛味などを添え、食欲増進効果と防腐効果をもつものと定義されよう。野草や山菜にもスパイスとして使えるものがたくさんある。香辛料の定義をもうすこしひろげて、色どり・苦味・舌ざわりなども加えるとすれば、ほとんどの山菜は薬味としての役割を持つ。

スパイスの歴史は古く、狩猟時代から味付けや防腐剤として香料植物を使っていたといわれる。聖書にも随所に記録されているから古代人にとっても必需品となっていたのだろう。日本でも、ショウガ、サンショウ、ミョウガ、ニンニク、カラシナ、ワサビなどが古くから香辛料として使われてきた。しかし、スパイスは何といっても肉食文化がつくりだしたもの。肉をうまく食べ、保存性を増すためにいろいろな香辛料が使われるようになった。コショウを求めて新大陸が発見されるなど、日本では考えられないような価値を持っていた。コショウは東インド原産で今でも東南アジアが主産地。このほか肉料理にはかかせないのがクローブ（丁子）、オールスパイス（ピメンタ）、ニッケイ、ゲッケイジュ、ナツメグ（メース）、いずれも熱帯産の常緑樹でヨーロッパにはなかったもの。ヨーロッパ人がいかにスパイスを強く求めたかは、ポルトガル、スペイン、オランダ、イギリスなどの通商合戦によくあらわれている。

最も強力なスパイスとしてはクローブ（丁子）を挙げることができよう。原産地はセレベス島とニューギニア島の間にあるモルッカ諸島でフトモモ科の常緑高木の蕾を干したものが香辛料として使われる。ツンとくる香りとスーッとするような辛みが特徴で色は赤褐色。防腐力が強く肉の加工品にはなくてはならない。スパイスとして食欲を増進させるほかに、生薬としても強壮・駆風・健胃効果がある。特に催淫媚薬精力剤としても有名で男女両性とも性的な興奮をする匂いといわれている。形や色からもなんとなく性的な雰囲気を感じさせる。

昔、高貴な方がデートする時に、丁子を一つくわえて会ったという。この匂いでキッスをせまられたらひとたまりもないというところか。

ニンニクやアイヌネギも強力な精力剤であったがゆえに仏に仕える僧侶にはタブーとされていた。しかし、アイヌネギをくわえながらデートをしようものなら百年の恋もいっぺんに醒めるのではないだろうか。

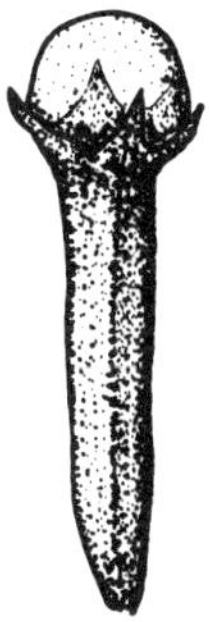

丁　子

薬味は少しずつしか使わないものなので、家庭菜園につくっておくと便利である。昔からミョウガやシソは庭のある家では栽培されていたが、最近これにパセリやクレソンが加わった。一年草では、イノンドやルリジサが栽培しやすい。ルリジサは澄んだ青色の美しい花が咲いて観賞用にもなるが、きざんでサラダにするとシャキシャキした舌ざわりが楽しめる。イノンドはウイキョウと同じ使われ方をする香りの高い草で、若芽の時から、実のつくまでいつでも摘みとって、スープやシチュウの香りづけに入れられる。北欧では新ジャガイモをイノンドの香りでゆでたものが、白夜の季節のはじまりとしてよろこばれる。実はパンの中に入れて焼いたりもされるが、健胃効果やセキどめの効果もあるので、風邪の時には煎じて飲むとよい。

多年生のものでは、エストラゴンの栽培をすすめる。ヨモギの一種で芳香があり、不思議に酢とよく合うので酢の物用ハーブといわれる。カタツムリ料理のタレにはこれがつきものだが、日本風にやればエストラゴンを利かした酢味噌で、サンショウ味噌に劣らぬタレの傑作となる。エストラゴン味噌を食味した友人はこれが外来のハーブだとは信じられない様子であった、それほど日本料理にぴったりの草なのだ。

漬物

中学生時代に机をならべていた女生徒が、高校生の時に家庭教師の大学生と熱烈な恋愛をして、卒業をまちかねるように四月まだ雪の残る北海道へ二人で旅立っていった。その年の秋になってから届いた手紙に、「主人と二人で大きな樽に漬物をつけています」とあった。まだハタチ前の若いクラスメートたちは、誰もピンとこない顔をして、「二人だけでそんなに食べるのかな」「男の人に漬物をつけさせるなんてイヤね」とか、あまりにも違いすぎる情景にとまどったものだった。

昔ほどではないにしても、今でも北海道ではたくさんの漬物をつくる。

漬物の歴史は古く、狩猟採集時代から、野草や肉・魚の調理と保存の方法として塩につけることがおこなわれていた。記録の上では九〇七年に編集された全五十巻といわれる『延喜式』内膳の部に塩蔵品の記録がある。菜類では、ナズナ・ワラビ・セリ・フキ・アザミ・イタドリなど、今日では山菜といわれるものが含まれている。漬けかたにも塩漬けのほかに酒粕漬けや味噌漬けも出てくるので、漬物の原型は千年以上も前に出揃っていたようである。

日本は世界に冠たる野菜王国であって、特に葉菜の種類が多い。そのほとんどが漬物用というから漬物の種類もべらぼうに多い。これはちょうどヨーロッパで村ごとに種類のちがうチーズができるといわれるように、狭い日本でも地方ごとに漬物用の野菜があって、独特な漬け方があるとさえいわれる。

漬物は調理法でもあり保存法でもあるが、山菜の漬物は第一に保存法として漬けられる。蔬菜とはちがって、採れる期間が限られているのでまず保存をしておこうということになる。塩で漬けて保存をはかることを塩蔵というが、塩には殺菌作用があるわけではない。防腐作用は高濃度の食塩を入れることによって浸透圧が高まるからで、一五％も食塩濃度があると普通の細菌は原形質分離をおこして死んでしまう。海水中の食塩が四％、そのまま食べる調理用漬物は五～一〇％の範囲内にあるから、塩蔵用の濃度はかなりきついものであるといえる。

山菜でも塩蔵しておくほど採れるのは、ワラビ、フキ、タケノコくらいが一般的。ワラビとフキはアク抜きをしなければ食べられないが、塩蔵はアク抜きも兼ねてくれるので、採ってきたまま食塩をまぶして樽に漬けておき、食べる時に塩を抜いてゆでると、すっかりアクも抜けている。

漬物の利点としてはなによりも発酵食品であるということが挙げられる。乳酸菌や酵母の作用でいろいろな成分が分解され独特な風味を増す。そればかりではなく、乳酸菌は腸の中で有用な働きをするので大いに漬物を食べるのがよい。京都のスグキが十分に発酵させた漬物として有名であり、発酵をすすませるために四〇度Cくらいのムロに一週間も入れておくという。朝鮮のキムチも乳酸菌の豊富な漬物である。

家畜に食べさせるサイレージは、塩は加えずに乳酸菌の活動だけで腐らせずに貯蔵できる。そのコツは他の菌の増殖を避けて三〇度C以下の低温で発酵させ、空気に触れないことである。最近は人間のほうの貯蔵用漬物でも、保存性のよいサイレージ方式をとり入れて、夏のキュウリの収穫期に、味つけ程度の塩しか入れず、低温の土中で乳酸発酵させて冬まで保存しようという漬物工場ができている。塩蔵とちがって塩抜きもいらず風味もよいそうである。

わが家には自慢の山菜漬けがあるが、これはゆでたものを塩蔵したワラビ、フキ、タケノコ、シメジを、塩抜きしてから酒粕と味噌・酒に漬けたものである。一種類では注目もされないのに四種まぜて盛りつけるといかにも山の幸という感じがしてくる。

かつて新婚のクラスメートが樽に漬物をつくっているときいてたまげた自分が、野菜やら山菜やら幾樽も漬物をつくっているのだからおかしなめぐり合せだとも思う。

干物と冷凍

たべものが腐るのは、たべものについている微生物が繁殖するからで、これを抑えるためには、微生物の繁殖に最も必要な水分をとり去ること、つまり干物をつくるのがてっとり早い。太陽の熱で乾かす天日乾燥は、自然界にも普通にみられる現象なので、恐らく狩猟採集時代から、一種の保存法として使われていたものと思われる。乾かして保存ができるものは数多く、山菜・キノコ・海草などの植物質から、スルメ、煮干し、ひらきなどの魚貝類までいろいろある。乾燥するということは単に保存をはかるというだけでなく、たべものに別な風味を増す効果が期待される。キノコ類は干すことによりビタミンDが増すし、魚類では蛋白質が変化する。野菜類では、大根の切り干しとカンピョウ。切り干し大根は、生の大根とは大部感じがかわり別な食品かと思われるほどでブドウ糖や灰分に富み、ビタミンB_2とCも多いという優秀な食品の一つである。この切り干し大根と海草のヒジキを煮たものは「おふくろの味」を代表するナンバーワンという。昔は最もありふれた料理だったが、今ではあまりつくられない。たまに飲み屋のさかなに出されたりすると中年族は涙を流さんばかりに感激することになる。現代の栄養学からいっても、ヒジキと切り干し大根の煮物は栄養上のバランスもよくとれていて、これにメザシでもつけば満点のおかずである。

寒い地方での畜産は家畜の越冬飼料を確保するのが大仕事である。塩を使わない、乳酸発酵による漬け物といえるサイレージと、干草が主体になる。北海道の酪農家では、夏休みに学生アルバイトを使って乾草あげをさせるが、最近の学生はこんな重労働に耐えられず途中で帰ってしまう者もいるという。

大雪山系にしかみられないナキウサギは、冬の餌の乾草づくりを自分でやる。岩礫地を好むナキウサギは夏の間に葉を岩の間の乾きやすいところに運んで堆積しておく。この乾草で大雪山の厳しい冬を越すのだから感心する。アルバイトの学生にもこの努力を見習ってもらわなければならない。

山菜で干して利用するものとしては、干しゼンマイがある。ゆでてアク抜きをしてから干しあげるので、すぐに料理に使えて便利なところから、お土産品として喜ばれる。このほか山村のおみやげには百合の花と称してカンゾウのつぼみを干したものを売っている。

インスタント食品の中には、山菜も乾燥したものが入っていて、お湯を入れれば山菜入り○○ということになっている。薬草は干したものを煎じて飲むものだから、これもインスタント風にお湯を入れて三分間たてば薬湯になる粉末山菜がはやってもよいのではないだろうか。

漬物でも干物でもないもう一つの貯蔵法にブランチングという方法がある。冷凍食品であるが、山菜をゆでてアク抜きをしてからそのまま冷凍してしまう。ブランチングというのはもともと野菜を軟化することや、ゆでて水にさらすことを指していたが、コールドチェーンが発達してから、野菜の冷凍貯蔵を指すようになった。もっとも、中尾佐助氏によれば近代産業とは関係のないチベットでは、昔から野菜は一度に全部ゆでて水を切って冷暗所に保存しておく方法がとられていたそうで、冷凍庫ができてはじめて発見された方法ではない。

わが家では家族も多いので、ちょっと大きめの冷蔵庫を使っているが、冷凍室は家庭菜園から採れるトウモロコシや枝豆、アスパラガスに加えてユキザサ、ニリンソウ、エゾエンゴサクなどおひたしに向く山菜のブランチングでいっぱいになる。家庭菜園がもっと広ければ、地下室にブランチング専用の冷凍庫を置くのが夢と思っているほど、野菜類の保存には好適である。採りたての枝豆やトウモロコシの味が保たれていて子供たちにも評判が良い。山菜のように一度ゆでてから使うものは干物や漬物よりはブランチング貯蔵が一番むいている。ユキザサは一度にたくさん採れるのでゆでてから、握りこぶしくらいの塊りに小わけして冷凍庫に入れておく。山菜好きのお客があったりする時に解凍して味付けすると大変に喜ばれる。

果実酒

今では果実酒というとホワイトリカーに果実を入れた抽出酒でリキュールと同じものということになっているが、酒の発見はもともと果実類が自然発酵したいわゆる猿酒から、人間のほうがサル真似でつくったものといわれている。だから果実のほうがアルコールの素であった。それが農耕時代に穀類から強い酒ができて、それを蒸留した純アルコールの中に入れられるようになって酒の元祖のブドウなどは面くらっているのではないか。もっとも酒税法によれば自家製の発酵酒は許されないので、手づくりの酒を楽しむとすればリキュール以外ないということになる。

山菜や木の実をリキュールにするのは、単に保存のためばかりではない、アルコールによって抽出される有効成分を期待して酒にするのである。酒は百薬の長ともいわれて、適度の酒は健康に良いといわれるが、さらにいろいろな薬効をもった成分が入っているリキュールはまさに「生命の水」。洋の東西を問わず薬用酒にはそれぞれ秘伝があって効果も科学的に証明されているものが多い。これらの材料、作り方、効能を解説した本もかなり出されている。病気を持つ人は、効くといわれればどんなものでもためしてみようという気になるもので、テレビで山菜の効用を話したところ、何人かの患者さんから電話や手紙で症状を訴えてこられ、楽しく飲んで効くならばぜひためしてみたいといわれた。個々の例について薬用となる酒の調合を助言するとすれば酒税法どころではなくて、医師法や薬事法にかかわるので「私が言ったのは健康な人のための果実酒で、現在病気の方はぜひお医者さんか薬局に相談してからためして下さい」とおことわりした。素人療法は危険なところもあるが、毎日の食事や飲み物を通じて自分の体質改善をはかるとか症状をやわらげるというような健康管理はお医者さんではできないことなので、自分で気を付けるしかない。ふだん不摂生をしていて、悪くなってから医者にかかるのでは治るものも治らない。家庭で健康カルテのようなものをつけながら、毎日の食生活に注意をはらう、そんな人にすすめられるのが果実酒である。

果実酒の最高の傑作は梅酒。世界に誇る日本の酒である。梅干とともに梅酒は日本の特産品で、十世紀頃、梅干で天皇の病気が治ったという記録があるくらい古くから薬効あらたかであった。一七〇〇年頃出された『本朝食鑑』という本で、痰を消し、渇を止め、食欲増進、解毒、のどの痛みどめなど数々の薬効をあげて梅酒の作り方を解説している。梅酒の作り方はそれぞれの家庭に秘伝があるというほどバラエティに富んでいて楽しい。同じ処方でも梅の作柄で出来ばえも異なるから何年ものという銘柄もできる。硬い核の中の種子を仁というが梅酒を漬けるときにこれを割っていくつか入れておくと芳香が強く薬効も増すといわれている。

北海道には梅酒にまけないくらいの美酒ができる果実類がたくさんある。コケモモ、ガンコウラン、クロウスゴ、クロマメノキ、クロミノウグイスカグラ(ハスカップ)、コクワ、マタタビ、ヤマブドウ、スグリ、木イチゴ類。本州とちがってこれらの木の実が容易に手に入ることも魅力の一つだ。色、香、味どれをとっても個性的だが、これらをカクテルにすると思わね逸品ができて楽しい。私のところではラベルも自分でデザインして、お客が来ると並べて中味と共に出来ばえを批評してもらうことにしている。

北欧の国フィンランドに旅した時、明日は帰国という最後の晩に、それまでいろいろ世話をしてくれたお宅で送別会をひらいてもらった。地酒に気持ち良く酔い、北極圏を超えて見た白夜のすばらしさを絶讃して、シベリウスのフィンランディアの一部を日本語で歌ってお礼とした。わずか数週間の付合いで私の趣味まで理解したのか、おみやげにこれをもっていけと渡されたのが、クラウドベリー(ホロムイイチゴ)の果実酒。黄金色に映える白夜の風景がラベルにはってあり、説明にはミッドナイト・サン（真夜中にも輝いている太陽）にはぐくまれた神秘の果実から造った酒とある。好きな酒と友情とを抱いてさようならを何回も言った。

（高　畑　滋）

2　植物学からみた山菜

分類学とは――仕分けの作業

どんな事柄でも「学」の字がつくと何となく学問らしく聞こえ、われわれ凡人には及ばないことのように思えてくる。「分類学」も御多分にもれず、この類に入り、「植物分類学」は世間離れした物好きな学者に預けられた課題と受け取られることが多い。果たしてそうだろうか？　そうではなく、植物分類学はもっとわれわれの身近な所にある。以下、山菜を肴に植物分類学の一角に踏み込んでみることにしよう。

「分類」とは文字どおり物や事柄をグループ分けすることで、学者ならずともわれわれだって日常ふだんにおこなっている基本的な作業である。「美人とそうでない人」「賢者と愚者」「損と得」「善事と悪事」等々、切りがないくらいの分類を毎日毎日瞬時におこなっているわけだ。しかし、こういう分けかたには基準が必要で、これらの場合には人によってその基準が異なるために人間社会では良い結果を生むこともあり、逆に悪い結果を生むこともある。言いかえれば、基準があいまいなためになんとなく社会がまとまっているのだ、と考えられないこともない。言うまでもなく、これらの基準は歴史的にも変化する。昔は善悪を表現するのには「白か黒か」しかなかったのに、近年では「灰色」というのが出てきたのはこの例である。だれの目で見ても明らかな善悪の基準があれば「灰色」を作る必要はない。

だれにでも了解ずみの基準のある例としては貨幣がある。現在日本で通用している硬貨は、一、五、十、五十、百円玉の五種類で、その中間というのはない。「これは五円だろうか五十円だろうか？」と迷う人はいない。したがって、五種類の硬貨の混じった山も、その分類の基準に沿って種類ごとに仕分けし、総額を出すことはだれにでも間違いなくできる。こういう機械的な基準は重さや直径によって機械的に運用することができる。この機械的な基準がなければ、タバコやジュースの自動販売器はまず生まれてこなかったであろう。

さて、植物の分類も、作業としては膨大な数の植物に対して基準を作って仕分けしていくことである。この場合の「基準」は前に掲げた例のように漠然としたものではないし、かと言って機械的に確立したものでもない。

大枠の基準、たとえば顕花植物であるか陰花植物であるか、といった点ではすべての植物に通用する機械的な基準ができているからだれにでも分類はできる。一方、小さな枠の中の基準、たとえばニッコウキスゲとエゾカンゾウをどの基準で分けるか、等という場合にはまだ諸説があってわれわれ凡人にはなかなか機械的に名前を決定することはできない。おまけに、この仲間は現在でも進化が激しく進んでいるグループだとされているので、種を細かく規定するのはむつかしいらしい。

いずれにしても、機械的に仕分けのできる基準作りに向かって分類学が進歩しているわけで、これが完全に仕上れば科学としての植物分類学はその役割の大半を終えることになる。こうなると学者も失業してしまうが、自然の解明はそう簡単にいかないので、この分野の研究はまだまだ進められるであろう。

種と科——種の記載が基本

前の節で「顕花植物と陰花（胞子）植物」「ニッコウキスゲとエゾカンゾウ」を例に出したが、これはグループ分けする場合の段階の違いを示している。むつかしい言葉を使うと「階層性」ということになり、種、属、科、目、綱……とつながり、最後は植物界ということになる。たとえて言えば全国高校野球大会の地区予選から甲子園での決勝戦優勝までの組み合わせ表みたいなものである。一番最初に対戦する予選出場校は「種」にあたり、それを勝ち抜いて地区大会に出てくる段階が「属」になる、という具合である。

こうした段階の中で、われわれが日常生活で植物分類学の成果に頼って植物の名前を知ろうとする時には、「種」と「科」がわかれば十分である。キンポウゲ科のニリンソウ、ユリ科のユキザサという具合になる。「科」が省略されて「種」の名前だけで満足する場合も多い。

分類学の約束では、万国に通用する「種」を表わすために、属の名と種小名を並べてラテン語で書くことになっている。カタクリの場合には *Erythronium japonicum* Dence. となる。最後の Dence. はこの日本語で「カタクリ」という種に対する万国共通の名前を定めた人の名前である。ラテン語で書かれた属名と種小名を合わせて「学名」と呼んでいる。われわれが日常使うのは「科」と「種」なのに、学問分野では「属」と「種」で一つの植物を表わすわけだ。

新しく発見された植物には、この学名と一緒にラテン語でその植物の形態や生態の特徴が記載される。この記載が一定の権威を持つ書物（出版物）に発表されるとはじめて新しい植物（新種）として認知される。

分類学での国際的な用語が、英語やロシア語でなく、ラテン語と定められているのは、すでにこの言語がどの民族によっても使われていない、つまり今後とも文法や語彙が変化しないことによっている。

もちろん、われわれの日常生活の中ではラテン語で書かれても意味が通じないから、植物図鑑等では日本語で種の特徴が記載されている。

さて、本書II部で扱われる植物はいずれも「種」に該当するが、「アザミ」「スミレ」は「種」としてではなく、「種の集まり」にあたる。すなわち「属」の中の一部分を取り出してある、というのが正確である。一方「シメジ」はこれとも少し違って、「シメジ属」「キシメジ属」等のいくつかの属にまたがった「シメジ」を集めてひとまとめにしてある。

本書では図鑑的な説明を省いてII部の各項目が埋められているが、ここで若干「種」の記載を考えてみよう。図鑑等では「種の記載」はその本の生命であって、極端にいえば文章だけでその植物の姿が表現される。図は記載を理解するための補助的な手段である。もっとも、最近では、図や写真の方が図鑑の主役になっている感じがする。これは写真や印刷技術が発達したせいで、良いことではあるが、図鑑の生命は矢張りよい解説とよい図であることに変りはない。

数ある図鑑の記載の中でも名文といわれたのは牧野富太郎博士の『牧野日本植物図鑑』で、現在は現代語風に書きなおしてしまったから、牧野風の味がなくなった、と惜しむ声も多い。

種の記載――カタクリの記載例

さて、名文といわれる旧版の牧野図鑑からカタクリの記載を見てみよう。

「山地林中ニ生ズル多年生草本。根茎ハ白色多肉ノ鱗片状ヲ成シ数箇相接シテ地中ノ深處ニ横《ヨコタ》ハル。鱗茎筒ハ此レヨリ直立シ、長サ4cm内外、披針形ノ柱状ニシテ白色肥厚ナリ。早春、一茎ヲ抽クコト15cm内外ニシテ下部ニ二葉相対ス。葉ハ長柄アリテ平開シ、往々地ニ布キ、楕圓形ニシテ兩邊多少ノ波曲アリ、質肥厚シテ軟カク表面ハ淡緑色ニシテ紫色ノ斑紋ヲ飾ル。花ハ葉心ヨリ抽キシ梗端ニ點頭シ、徑4～5cm、紫色ニシテ可憐ナリ。花蓋片六ハ狭長披針形ニシテ尖

『草花絵前集』のカタクリ

リ、強ク反巻シ、内面基部ニ近ク濃紫ノW字紋ヲ有ス。六雄蕊ハ短ク長短二様、葯ハ紫色。柱頭ハ三耳裂ス。」

牧野図鑑の特徴は、この流麗な記載文と、それまでの大衆的な図鑑には見られなかった正確な図版にあった。

このカタクリのわが国における記載の歴史をふり返ってみよう。図もあわせて紹介しておくことにしたい。

元禄十二（一六九九）年に江戸の花屋、伊藤伊兵衛が著した『草花絵前集』はカタクリの記載でも古い方に属する。

「○はつゆり　一名ぶんだいゆり（当時、江戸ではカタクリをこう呼んでいた）、花むらさき、二月（旧暦）にさく、ひめゆりの花に少し大き也。たかさ七八寸也」

図と合わせてみれば、古いわりには簡潔で良い記載といえよう。この書は日本ではじめてフクジュソウの記載のあることでも知られている。

つづいて宝永六（一七〇九）年に出た貝原益軒の『大和本草』は中国からの本草学（植物をはじめとする薬物に関する学問）を消化し日本人の頭で日本の博物を記載したはじめての業績として知られている。「巻之九　草之五」に、

「カタコ

高二尺許茎紫色葉面ニ有㆓黒點㆒花カサクルマノ如シ紫色ナリ比睿山ニアリ　正月ノ末開㆑花尤美ナリ　根ノ形芋ノ如ク又蓮根ノ如シ……」とある（図は白井光太郎校註『大和本草』第一冊、有明書房、一九七五年より）。また、同書の付録には、

「カタクリ　　ト云物奥州南部ニアリ　米ノ粉ノ如シ……又カタコトモ云」とある。

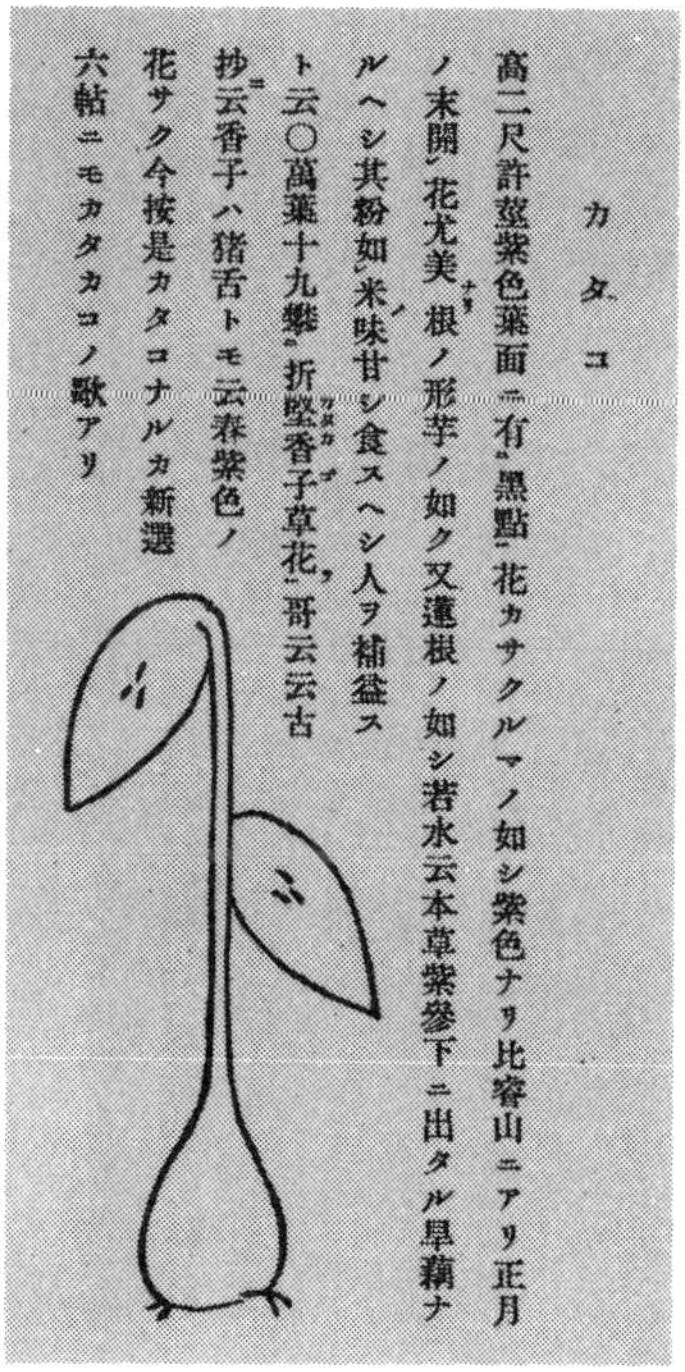

カタコ
高二尺許莖紫色葉面ニ有㆓黒點㆒花カサクルマノ如シ紫色ナリ比睿山ニアリ正月
ノ末開㆑花尤美根ノ形芋ノ如ク又蓮根ノ如シ若水云本草紫參下ニ出タル旱藕ナ
ルヘシ其粉如㆑米味甘シ食スヘシ人ヲ補益ス
ト云〇萬葉十九攀㆓折堅香子《カタカゴ》草花㆒哥云云古
抄ニ云香子ハ猪舌トモ云春紫色ノ
花サク今按是カタコナルカ新選
六帖ニモカタカコノ歌アリ

『養生訓』などで著名な益軒先生ではあるが、この記載と図で見る限り、先生は実物のカタクリを見ていなかったのではないだろうか?・「高さ二尺」というのは大きすぎる。『草花絵前集』と合わせて読むと、「カタクリ」の名は奥州、「カタコ」は京で、江戸ではカタクリという

名が通用していなかったことがわかる。

次に、宝暦八（一七五八）年に、阿部友之進将翁と松井半兵衛重康の対話という形で書かれた『採薬使記』をみてみよう。阿部将翁は徳川将軍吉宗の時代に活躍した著名な採薬使で、全国の山野に薬になる動植物を探して歩いた。当時の辺境である蝦夷地には享保十二（一七二七）年をはじめ三回も訪れて採薬をおこなっている。

この書物には、イケマ、ニシン、オットセイ等蝦夷の産物もとりあげられている。あまり普通に見られる資料ではないので、カタクリの項を引用してみよう（図は市立函館図書館蔵の写本からとった）。

「かたくり

重康曰ク奥州南部ニカタクリト云草アリ、其形百合ニ似テ紫　正二月ノコロ花咲　其根ヲ取テ葛ノ如ク水干シテ水ニテ練餅トシ煮食フ　葛ヨリハ色白ク甚美事ナル物ナリ　土人専ラ（下）痢ニ用テ益アリト云

先生（阿部将翁）接スルニカタクリ江東所々ニ生ス　一名初百合一名姥百合一名文台百合トモ云　正月ノ頃花咲故初百合ト称ス　花シボミテ後ニ葉ヲ生ス　花ノ時葉ナキ故ニ姥百合トモ云　葉ノ形車前草（オオバコ）ノ葉ニ似タリ　葉ノ面ニ黒キ班アリ　是万葉集及新撰六帖ニ詠スル所ノ堅香子ト云者ナリ　或　曰《いわく》　本草紫参ノ下ニ載ル甘藕ナルヘシ」

将翁は南部（今の岩手県盛岡市）出身であり、カタクリはこの地方の呼び名でもあるのでこの

『採薬使記』所載のカタクリ

植物をよく知っていたと考えられるが、「花しぼみて後に葉を生ず」というのは少し変である。花の後に葉が伸びてくる植物というと、ヒガンバナやキツネノカミソリが思い起こされるが、とにかくカタクリのイメージからは遠い。

この図は多分将翁の弟子が、師と重康の対話を聞きながら作ったのではないかと考えられるが、実に奇妙な図と言わなければならない。ユリ、カタクリ、ウバユリ等の数種の植物を重ね合わせたようなものである。

こうした「種」の記載の不正確さは、蘭学の渡来、普及によって徐々に科学的な内容に改められていった。特に、シーボルトやチュンベリーといった世界的な博物学者が鎖国中の日本を訪れ、蘭学を身につけた本草学者と接触したことがこの傾向に大きな刺激を与えた。

こうして幕末には、植物分類学の父といわれた

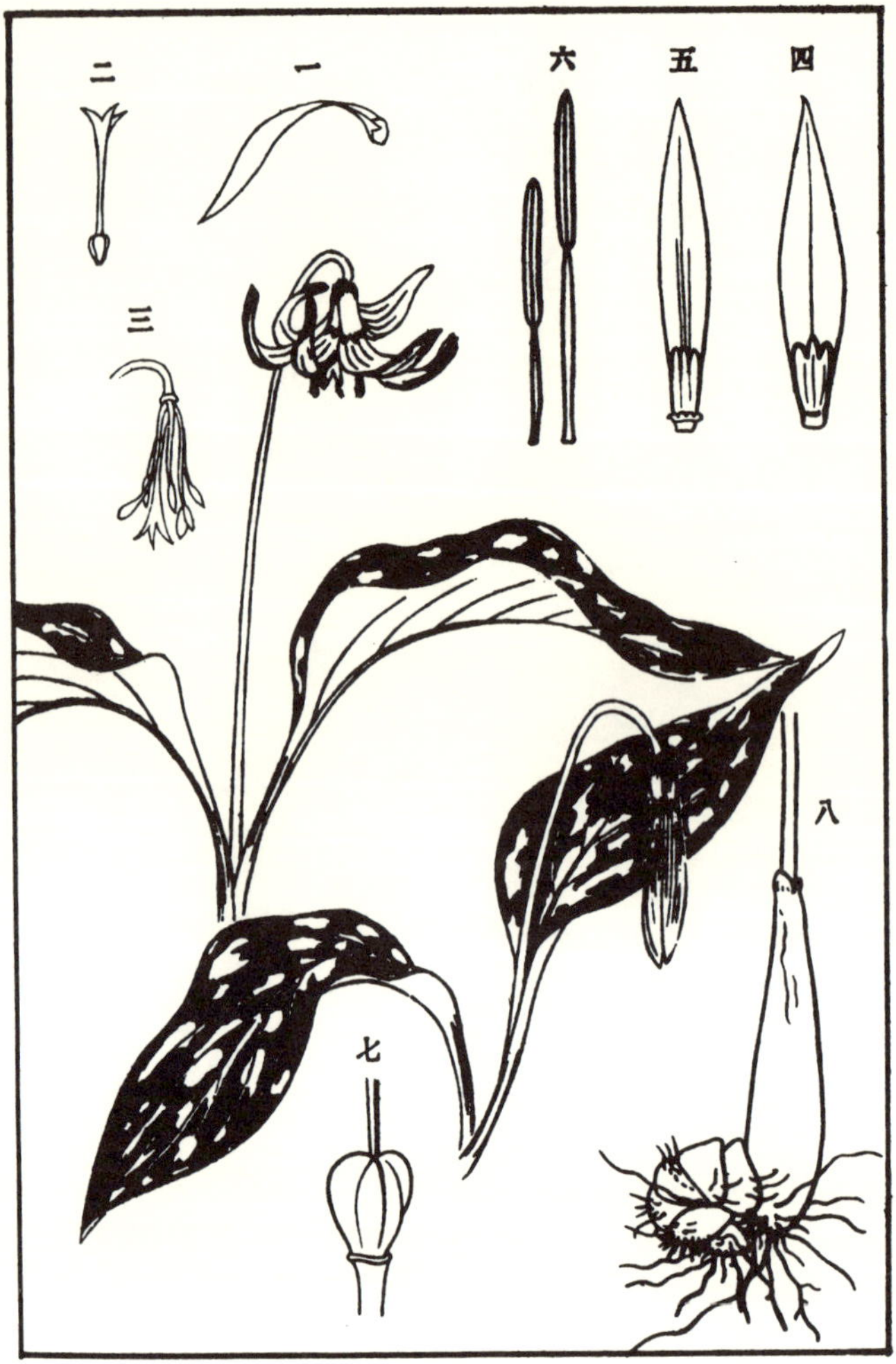

『草木図説』のカタクリ

カール・フォン・リンネ（スエーデン）の分類体系を取り入れて尾張の国の飯沼慾斎が『草木図説』を著した。わが国最初の大型植物図鑑の登場であった。刊行は安政三（一八五六）年から文久二（一八六二）年にわたるが、この「草部　巻五」に次のカタクリの記載がある。

「カタクリ、カタコユリ　車前葉山慈姑

花無萼六瓣ニシテ、三瓣ハ狭ク三瓣ハ闊、各瓣爪實礎（子房のこと）ニアタル處陥凹ニシテ蜜槽ヲナス　然ドモ外位ノ三ハ　ソノ状不著、故ニ林氏（リンネのこと）蜜槽三瓣ノ語アリ實礎三稜本細末豊　一柱頭三裂　雄蘂六莖　三者短三者長　葯暗紫色　根圓長横行大サ小指ヨリ小ニシテ白色　質大サギソウノ根ノ如シテ山慈姑の類ニアラズ

エレートロニュム　デンスカニス羅」

ここまでくると近代科学の成果が活用されて、現代でも充分通用する記載である。先に掲げた牧野博士の文章と比較すると、慾斎の先見性が明らかとなろう。

自然分類と人為分類——「山菜」は人為分類

カタクリを素材に「種」の記載を見てきたが、分類学では一つ一つの種を正確に認識するのと同時に、類縁関係を定めて、属、科……とグルーピングをする。現在おこなわれている方法は、なるべく自然の作り方を合理的に説明できる方向に沿うやりかたで、「自然分類」と呼ばれる。

これに対する用語は「人為分類」で、人間に都合の良い基準で植物を分けていく方法である。

花の色で、「白、赤、黄、紫、緑」と分けるのも人為分類の一型であり、野菜を「葉菜、果菜、根菜、花菜」と分けるのも同じことである。この方法は、基準をあまり機械的に運用しない限りは日常生活に便利なことが多い。

「機械的に基準を運用しない」ことを忘れると、困ることがおこる。たとえば民間薬として知られるゲンノショウコは地域によって白い花をつける個体と紅い花をつける個体があり、子供が好んで蜜を吸うスイカズラの花は咲きはじめが白で、だんだん黄色くなる。「トマトは野菜か果物か」、等という議論も、これが人為分類の基準だということを忘れて、機械的にあてはめようとするために起きるわけだ。

さて、山菜は、「野生植物の中で、余り手のかかる毒抜きやアク抜きをしないで食べることのできるもの」くらいの基準で浮かび上がってくるグループということができよう。つまり人為分類をしたわけである。これは比較的あいまいな基準だから人によって理解の差が出るのは当然で、キノコや木の実を「山菜」から除くことも含めることもできる。「毒抜き、アク抜きの難易」も根気のある人とない人で異なってくる。トコロ等はこの例である。

この山菜の人為分類をもう少し細かく分けることもできる。たとえば、利用時期、利用部位、採れる場所等がそれにあたる。利用部位で分けるのは野菜を葉菜、根菜……と分けるのとほぼ同様の作業である。

本書のII部で採りあげた山菜はやはり葉を利用するものが圧倒的で、他に花菜としてスミレ、エゾカンゾウ、ニセアカシア等、根菜としてタンポポ、アザミ等、茎菜（という呼びかたがあるかどうか知らないが）としてウド、シオデ、ヨブスマソウ等が挙げられる。

山菜の自然分類㈠――北日本山菜の代表たち

人為分類は各人が自分で基準を設定しておこなえるが、自然分類はどうしても専門的な知識にもとづいておこなわなければならない。ここでは自然分類からみた山菜の特徴を探ってみよう。

前述のように、山菜という仲間自体が人為分類の産物であるから、それを自然分類にあてはめようとするためには、「山菜の範囲」を定めなければならない。そこで、まず北日本の山菜をリストアップする作業からはじめよう。この北日本山菜の完全なリストを作ることはきわめて困難なことなので、北海道、宮城県、山形県、福島県のそれぞれの山菜案内書に掲載されているものを集めてみた。もちろんそれぞれの地方で利用されている山菜を全部収録したものではないが、逆に言えば、北日本で比較的良く利用されているもの、またはすいせんできるものが集められていることになろう。

利用した山菜案内書は次のとおりである。

村田義一・原秀雄著『北海道のきのこと山菜』北海タイムス社、一九七六年。
高橋和吉・吉田仁志他編著『宮城県の山菜』宝文堂、一九七九年。
吉野智雄・杉本金三編著『やまがたの山菜とキノコ』山形新聞社、一九七八年。

菜リスト

ケシ科	ヤマエンゴサク　エゾエンゴサク
マタタビ科	サルナシ　マタタビ
ドクダミ科	ドクダミ
スイレン科	ジュンサイ
アケビ科	ミツバアケビ　アケビ
メギ科	イカリソウ
キンポウゲ科	ニリンソウ　バイカモ　エゾノリュウキンカ　エンコウソウ
ヒユ科	イヌビユ
アカザ科	アカザ　オカヒジキ
ナデシコ科	ハコベ
スベリヒユ科	スベリヒユ
ツルナ科	ツルナ
タデ科	イタドリ　オオイタドリ　スイバ　ギシギシ　ヤナギタデ
イラクサ科	ミヤマイラクサ　エゾイラクサ　ウワバミソウ ヤマトキホコリ　アオミズ
クワ科	ヤマグワ
以上双子葉類	
ラン科	シュンラン　サイハイラン
サトイモ科	テンナンショウ類
イネ科	チシマザサ
ツユクサ科	ツユクサ
ヤマノイモ科	ヤマノイモ
ユリ科	ノビル　アマドコロ　ユキザサ　オオウバユリ オオバギボウシ　コバギボウシ　カタクリ　シオデ ヤブカンゾウ　ノカンゾウ　ヤマユリ　ヤマジノホトトギス ギョウジャニンニク　アサツキ　エゾネギ　ナルコユリ ヤマユリ　キバナノアマナ　キジカクシ　ギボウシ類 カンゾウ類
以上単子葉類	
シダ植物	スギナ　ゼンマイ　ヤマドリゼンマイ　ワラビ　ヤマソテツ クサソテツ　オオバショリマ　ジュウモンジシダ イッポンワラビ
以上シダ植物	

キク科	モミジガサ　ヨモギ　エゾヨモギ　ハンゴンソウ　フキ キクイモ　ヤブレガサ　ツワブキ　アキノキリンソウ ノゲシ　ヨブスマソウ　アキノゲシ　イヌドウナ セイヨウタンポポ　オオブキ　ゴマナ　エゾゴマナ オケラ　オニタビラコ　オヤマボクチ　ユウゾリナ タマブキ　ノコンギク　ハハコグサ　ハルジオン ヒメジョオン　ヨメナ　サワオグルマ　サワアザミ ナンブアザミ　ノアザミ　モリアザミ　タンポポ類 アザミ類
キキョウ科	ツリガネニンジン　ソバナ　キキョウ　ツルニンジン
オミナエシ科	オトコエシ　ツルカノコソウ
スイカズラ科	ニワトコ　エゾニワトコ
オオバコ科	オオバコ
イワタバコ科	イワタバコ
ナス科	クコ
シソ科	オドリコソウ　キバナアキギリ
クマツヅラ科	クサギ
ガガイモ科	ガガイモ　イケマ
リョウブ科	リョウブ
セリ科	セリ　セントウソウ　ハマボウフウ　ミツバ　コシャク オオハナウド
ウコギ科	タラノキ　コシアブラ　タカノツメ　ハリギリ　ウド ヤマウコギ　ヒメウコギ
ミズキ科	ハナイカダ
アカバナ科	オオマツヨイグサ　ヒシ
スミレ科	オオバキスミレ　スミレ　スミレサイシン　スミレ類
ブドウ科	ヤブガラシ
ミツバウツギ科	ミツバウツギ
ミカン科	サンショウ
マメ科	ゲンゲ　ムラサキツメクサ　ナンテンハギ　ヨツバハギ ツガルフジ　カラスノエンドウ　クズ　フジ
バラ科	ヤマブキショウマ　ウワミズザクラ　ハマナス
ユキノシタ科	ユキノシタ　トリアシショウマ　ダイモンジソウ イワガラミ　ツルアジサイ
アブラナ科	タネツケバナ　ナズナ　ワサビ　ユリワサビ オランダガラシ　ハマダイコン　オオバタネツケバナ　ヤ マガラシ

庄司当・大沢章・水野仲彦著『福島県の山菜ときのこ』福島民報社、一九七七年。

各書の発行年からみても、山菜が代用食としてではなく、自然に親しむ楽しみとして扱われていることがうかがえよう。

四つの地方で共通して利用されるものもあるし、一書にだけしか扱われていないものもある。これらを全部総合すると、百五十九種であった。ただし、フキとアキタブキ、エゾネギとアサツキ等は、それぞれが変種の関係にあるので専門的にはおのおのを一種と数えてはいけないのだが、ここでは便宜的に一種ずつに数えた。また、スミレ類、アザミ類、タンポポ類等と一括されているものは数に入れていない。一般的に、日本での山菜の数は三、四百種類といわれているので、北日本の代表的（?）山菜は大体これの半分の数といってよかろうと思う。

まず「種」をこの範囲に限定すると、双子葉植物が三十八科百二十六種、単子葉植物が六科二十四種で、これらは顕花（種子）植物の被子植物亜門に属している。その他に、陰花（胞子）植物のシダ門に属するシダの仲間が九種類である。実に八割の山菜が双子葉植物に属していることがわかった。

ところで、日本の野生植物のうち、双子葉植物は約三千種、単子葉植物は約千種、シダ植物は約八百種と見積られている。それぞれの群での山菜の占める比率は、四%、二%、一%ということになる。前述のように、ここに抽出した山菜は山菜全体の約半分に相当することになるから、山菜全体をとればこの比率は倍くらいの数値になるであろう。

単子葉植物に占める山菜の比率が意外に低いが、これは大多数がイネ科、カヤツリグサ科といった硅酸質の多い身体を持っていて、食べにくいことに依っている。その中で唯一つ、軟かい身体を持つユリ科が単子葉植物の山菜代表選手として気を吐いている。

日本の野生植物を帰化植物を含めて約五千種と見積ると、北日本山菜の占める割合いは約三・二％で、全体の山菜を四百種とすれば八％にあたる。単に食べられる植物の比率ということにすればこの値はもっともっと大きくなる。

自然とは良くしたもので、われわれに害になる有毒植物は、山菜にくらべてずっと数が少なく、生命にかかわるほどの毒性を持つものは、ドクウツギ、トリカブト類、ドクゼリ等数えるほどしかなくなる。もしも、有用と有毒植物の比が今の逆であったなら、われわれも、われわれの祖先も植物性の食物を得るためにもっと危険な目にあっていただろう。

山菜の自然分類(二)――「科」への帰属

栽培植物学の分野で著名な中尾佐助博士によると、世界の栽培植物の面積を科別にみると、第一位は牧草を含めたイネ科、第二位は牧草を含めたマメ科、第三位は大部分をワタで占めるアオイ科、第四位はジャガイモを主体としたナス科ということになっている。イネ科は、イネ、大麦、小麦、トウモロコシ、コーリャン等世界中の人々の胃袋を支える穀物を生産する大切な科であり、この科の占める耕地面積は日本でも最も大きい。ナス科が四位にあるのは意外に思われるかもしれないが、日本でもナス科に属するタバコは本州に行くと列車の窓からでもよく見られるほど栽培は多いし、北海道にひろがるジャガイモ畑も広い。

人間との関係の深さを「科」の単位での栽培面積で比較するのは説得力に富んでいるが、今度は、科の中の種数で見てみよう。

山菜と利用方法の似ている野菜類がどんな科で構成され、どれだけの種が含まれているかを調べてみた。日本と世界の七百種の食用植物を収めた『食用植物図説』（女子栄養大学出版部）の野菜類から、根菜、葉菜、果菜、花菜を拾い出して科別に種数で示した。野菜というのはダイコンの例をみてもわかるように、桜島大根から二十日大根まで種々の型があり植物学的に一つの種が、まったく別種に見えるくらいに分化している例が多い。これらは一括して一種と数えた。そうでないととても種類数の把握ができないからである。したがって、カブといった場合には、分類学的にそれと変種関係にあるスグキナ、ヒノナ、ノザワナ、サントウサイ、キョウナ、ミブナといった著名な野菜を含んでいる。

さて、こうした作業をしてみると、野菜を含む科で目立つのは、キク科（十六）、ウリ科（十二）、アブラナ科（十二）、ユリ科（十二）、セリ科（九）、ナス科（七）、アカザ科（七）といったところである。これらの中には、セリ、オカヒジキ等山菜と重複するものも含まれている。

ところで、北日本の山菜の科構成は世界の野菜のそれと似ているだろうか。野菜のトップクラスの中で、ウリ科とナス科は果菜が多くを占めているので、果菜を多く含まない山菜とは様子がちがうであろう。

そこで、前に見た北日本山菜を科別に分けてみよう。山菜を含む種数の多いものから順にとると次のようになる。

キク科（三十三）、ユリ科（十九）、アブラナ科（八）、マメ科（八）、ウコギ科（七）、セリ科（六）

この六科だけで八十一種と北日本山菜の過半数を占めていることがわかる。

これらを野菜の順位とくらべると、アカザ科の代わりにマメ科とウコギ科が入るくらいで大勢においては同じような構成になっている。山菜と野菜とはその起源が同一であることはすでに知られているが、それを生み出している科についても大体同じようなことが言えることがわかる。

山菜の種類数の次に、それぞれの科の日本での野生植物数を記入してみた。各科の野生植物は原則的には帰化植物を含まない本来の自生種の数である。自生種に対して、たとえばキク科のヒメジョオンやハルジオンといった帰化植物を含んだ数字を比較するのは正確とは言い難いが、一応の目安にはなるだろう。

その科全体の中で山菜として利用される種の割合をみると、キク科で約九％、ユリ科で一三％、アブラナ科で一六％、マメ科で九％、ウコギ科で三七％、セリ科で一〇％という値になる。

この値は、その科で山菜として利用されるものの割合を示しているが、分母になる科に含まれる種類数の大小（科の大きさ）によってかなり変ってくる。キク科、イネ科、ラン科、バラ科、ユリ科、キンポウゲ科、マメ科、ユキノシタ科等は大きな科なので、山菜の比率も小さく出てくる

日本の野生植物の数と山菜の数

科　　名	山菜数	日本の野生種	科　　名	山菜数	日本の野生種
キク	32	460	ケシ	2	30
キキョウ	4	35	マタタビ	2	5
オミナエシ	2	10	ドクダミ	1	2
スイカズラ	2	70	スイレン	1	10
オオバコ	1	6	アケビ	2	3
イワタバコ	1	5	メギ	1	20
ナス	1	15	キンポウゲ	4	175
シソ	2	110	ヒユ	1	20
クマツヅラ	1	15	アカザ	2	20
ガガイモ	2	35	ナデシコ	1	80
リョウブ	1	1	スベリヒユ	1	2
セリ	6	85	ツルナ	1	2
ウコギ	7	20	タデ	5	80
ミズキ	1	10	イラクサ	5	50
アカバナ	2	30	クワ	1	20
スミレ	3	55	ラン	2	180
ブドウ	1	15	サトイモ	1	45
ミツバウツギ	1	3	イネ	1	325
ミカン	1	15	ツユクサ	1	10
マメ	8	130	ヤマノイモ	1	12
バラ	3	210	ユリ	19	200
ユキノシタ	5	110	シダ類	9	800
アブラナ	8	65			

ことになる。逆に、一種で一科を作っているリョウブ科をはじめ、ドクダミ科、スベリヒユ科、ツルナ科、アケビ科、ミツバウツギ科等は科が小さい（科を構成する種が少ない）ため、山菜率（?）は非常に高い値になってくる。

かなり大きな科でありながら、山菜を含まない科もあって、たとえばカヤツリグサ科は日本に約三百七十種もあるが、山菜として利用されるものはまず見当らない。水田雑草として知られるクログワイの塊茎が食用にされるくらいのものである。

北日本の山菜を含む科のうちで、比較的大きな科でありながら山菜の少ない科についてその特徴を見てみよう。

スミレ科

北日本リストでは三種しか挙がっていないが、日本産のスミレは約五十種ある。これらは、味の良否はあるが、いずれも食用となりうるもので、「スミレ類」と一括されることが多い。だから、科の中で具体的に山菜として挙げられるスミレの数は少ないが、「食べられる」ということからみればスミレ科全体を山菜とみなしてもよい、ということになる。

シソ科

キバナアキギリとオドリコソウしか利用されていないが、日本のシソ科植物は約八十五種ある。この科の植物はシソのように香油を含むものが多くて、そのために食用とするには変な臭いが気になるのであろう。その代わりに、香料としてはこの科の植物が知られていて、ハッカやイブキジャコウソウ(タイム)、また栽培植物であるラベンダー等が含まれている。北海道の畑雑草として嫌われているナギナタコウジュは、昔アイヌの人々がお茶にするために家のまわりに育てたといわれる。この科のものは特に毒のあるものはないようである。

バラ科

約百五十種の日本産バラ科植物のうち、山菜として出てきたのは、ヤマブキショウマ、ウワミズザクラ、ハマナスの三種のみであり、後の二種は果実の利用である。

食べられる野草となると、この他にダイコンソウの仲間やワレモコウの仲間があるが、一般的にバラ科の草本類の葉は硬目のものが多いので山菜としては適さないのであろう。

しかし、この科は果実では大変に多くのものを生み出している。野生のものでは、約四十種にのぼるキイチゴ類をはじめ、三種の野生のイチゴ、リンゴの台木になるズミやノカイドウ等多くの果実がバラ科にある。栽培される果樹では、リンゴ、ナシ、モモ、ウメ、アンズ、ビワ、カリン、マルメロ、サクランボとバラ科のものが実にたくさんある。サクラの一種（オオシマザクラ）の葉を桜餅に使ったり、サクラの花びらを塩漬けにした桜湯もバラ科の産物である。

バラ科は山菜こそ少ないがわれわれにとって有用な科である。

キンポウゲ科

約百二十種のうち四種が挙げられていて、それはエンコウソウ、ニリンソウ、バイカモ、エゾリュウキンカである。この他に山菜として利用されているのに、サラシナショウマ、カラマツソウなどがあるがあまり多くはない。

この科の特徴はなんといっても有毒植物の多いことで、有名なトリカブト類をはじめ、フクジュソウ、タガラシ、キンポウゲ、イチリンソウ等がある。だから、キンポウゲ科に属するというだけで有毒植物視されることもある。

毒があるということは薬に変じる可能性があるということで、トリカブト類をはじめ薬草に使われるものが多いのもキンポウゲ科の特徴である。オウレン、ボタン、シャクヤク等が薬用に栽培されている。

ラン科

キク科、イネ科と共に、現在の地球上で最も多くの種を有する科で、日本にも約百六十種が野生している。山菜として挙ったシュンランは花を蘭茶に使うもので、サイハイランはその擬球茎をゆでて食べるものである。

この他にアイヌ民族自ら「アイヌのサツマイモ」と言ったオニノヤガラの塊茎が食用になるが、現在ではまず利用されていない。

ラン科植物の葉は強い繊維質のものが多く、また多肉になっているものが多いせいか、食用には適していない。

ラン科の栽培植物として有名なのはヴァニラで、その香りは完熟前の果実を発酵させて得られる。

ラン科といえば、食用というよりはやはり花の優美さを愛でる、ということになるのだろう。

イネ科

約三百十種のうちでチシマザサだけが山菜として挙った。タケノコを目的にしたものであるが、この他全国に分布するササのタケノコは形こそ小さくとも利用できるし、ササの若葉は生でも食べることができる。
イネ科が山菜として利用されることが少ないのは、硅酸質を多く含んでいて、全体が堅いためである。だから、人間が直接食べるよりは牧草として家畜に食わせ、肉や乳に変えて利用される。日本でも、ススキ、シバ、イワノガリヤス等の野生イネ科植物が放牧等に使われている。

大きな世帯の科は、それだけ分布域も広く、人間の目に触れる機会も多い。だから、一度山菜としての利用がなされると、それに似たもの、似たものと利用がひろがっていくのが普通だと思われるが、以上見てきた科ではそうした利用の幅の広がりを阻む要素を科の中に持っているのだ、と考えられる。

同時に、山菜として利用される部分は少なくても、植物はそれなりにわれわれ人間生活とかかわり合いを持ち、種々な恩恵を与えているのである。ところが、植物と人間の長い間かかって築かれたかかわり合いは、人間の「近代化」によって大部分が絶ち切られてしまった。長年月の植物との関係を切ることが近代化である、と思い込んだ人が多かったからであろう。こうしてわれわれの身近な場所で山菜を採ったり、遊んだりする自然は姿を消し、原始的な優れた景観を持った自然は乱開発の波にさらされてやせ細っていった。

現在の山菜ブームも自然回帰論も、その底で人間と自然とのかかわり合いを、もう一度回復させたい、という願望が働いているように思う。

自然とのつき合いを再開するにあたって、進歩した植物学の知識を身につけることは大変に有意義なことである。出合った植物が何という名で、有毒なのか食べられるのか、その他の利用部分があるのか等、従来何百年にもわたって経験的に積み重ねられた知識が、現在では手軽に身につけられるわけだ。

（森田弘彦）

3　山菜文化史

(1)　はじめに

山菜文化史は何を明らかにするものか

いまは山菜ブームの時代だといわれている。「山菜とり」とか「山菜料理」とか、山菜をつけたいろいろな言葉が使われている。そして、これらの言葉から受けるイメージにはほのぼのとした暖かみや、そこはかとない優雅ささえ感じられる。戦後の食糧難の時代に糧として探したあの暗い時代の山菜を知っているものにとって、その変りようの大きさにびっくりする。どんなイメージを持って山菜に接することができるかはその時代のありようと深くつながっていることを、このわずか三十年の歳月の隔たりがよく教えてくれる。

この国に、われわれの祖先が生活していたという確かな証拠を残すようになってからすでに一万年の歳月が流れているという。時代により、山菜との係わりあい方はさまざまであるが、どんな係わりあい方を持っていたかを明らかにすることは、時代に生きた人々の生活そのものを明らかにすることにつながっている。それはまた、この国の文化の発展の跡をたどることにもなる。われわれがなに気なく接している山菜も、このような文化の重みをつけ加えてみれば、いっそう親しみがましてくる。時代を映す鏡としての山菜との係わりあい方を可能な限り遠い昔から現代に至るまでたどってみようとしたのはこのためである。

山菜文化史はどう書かれるべきか　時代の跡をたどるに当っては、上代から現代へという一般的な方法はとらなかった。それは歴史を身近な、親しみのあるものにしたかったからである。

私たちはいま山菜ブームといわれている昭和の現代に生きているが、それでは私たちの親たちの大正時代には山菜とどんなつき合い方をしたのであろうか。そして、爺さんたちが生活していたあの明治時代はどうだったのだろうか。そして、ひい爺さんたちの江戸時代は、そしてその親たちの時代は、とさかのぼっていくいき方は、時代の移り変りを血のつながりをとおして眺めるだけに、身近な、親しみのある、生きた歴史として認識することができる。これに対して、縄文・彌生・古墳時代と年代順に時代を下ってくる方法は現代にたどりつくまで自分たちとは直接のつながりのない、ただの時代の流れを追っているにすぎない。理論的である一面、ぬくもりに欠ける嫌いがある。

自分が存在するということ、これより確かなことはない。自分の存在を支えている現代から始めて時代をさかのぼるこの方法は存在の確信に支えられ、血のつながりに裏打ちされた確かな、

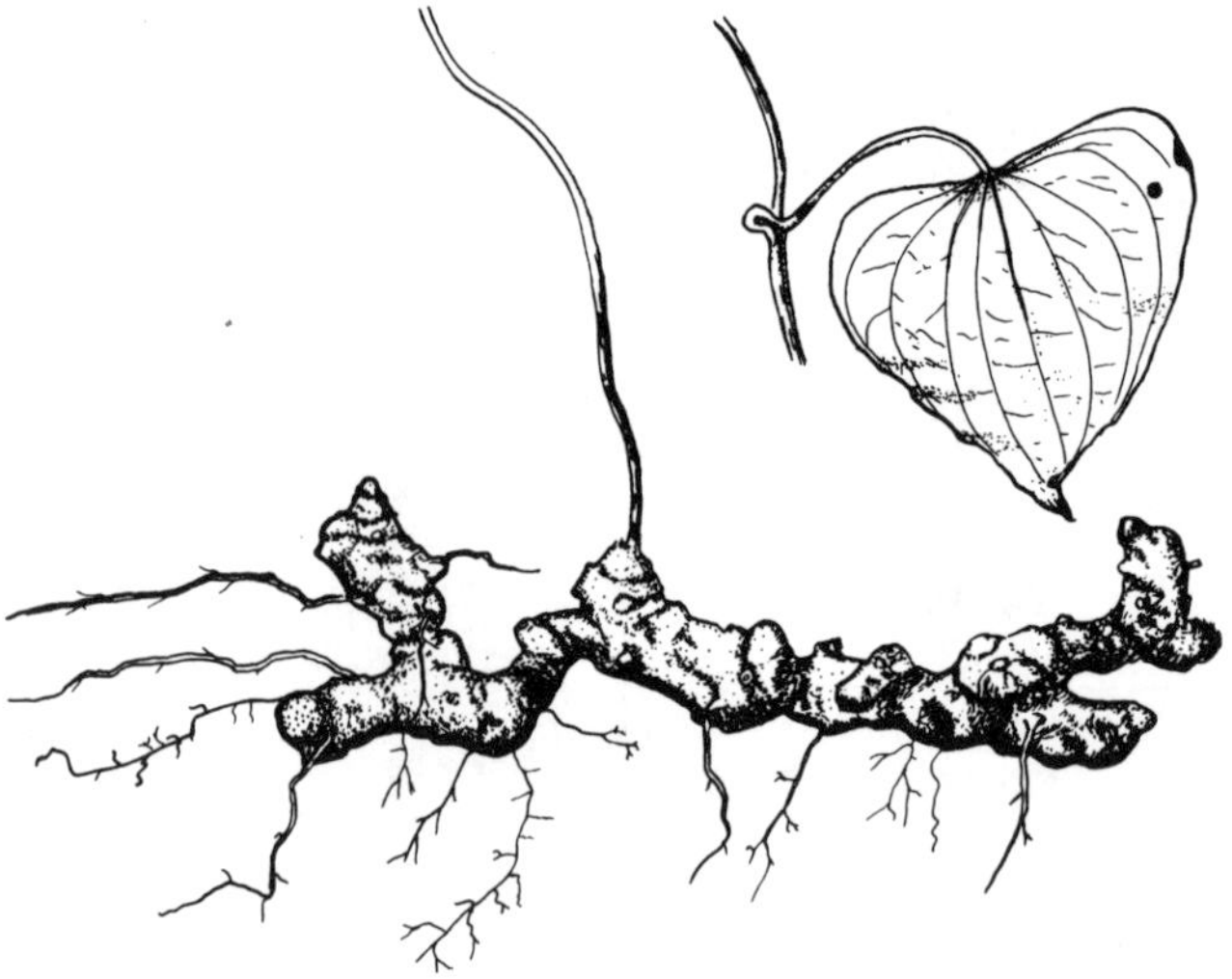

オニドコロ(ヤマノイモ科) *Dioscorea Tokoro* Makino

それでいてぬくもりのある歴史を自分のものとして感じ取るよい方法である。文化とか、伝統とかというものを自分たちの文化、自分たちの伝統として認識することは、食糧としての身近さをもつ山菜の文化史を考える際には特に意義があると思うからである。

時代を結ぶ山菜トコロ　時代と時代とをつなぐものとして、ナガイモと同じ仲間のヤマノイモ科のトコロを用いた。理由は、この山菜が遙かなる縄文・弥生時代はもちろんのこと記紀・万葉の時代はもとより平安時代以降までも広く日常の生活の中で利用されていた。そして江戸時代のはじめには作物として栽培された。しかし、農業技術の発達を背景に江戸時代後期には主として救荒用山菜になり、そして現代では食べられることさえ完全に忘れ去られているなど、時代の移り変りをはっきりとみせてくれる山菜だからである。トコロといっても、知らない方も多いと思われるので、牧野富太郎博士の『新日本植物図鑑』（昭和三十七年）から、その性状をみてみると、

「山野に多くはえるつる性の多年性草本。地下部は冬に枯れる。茎は肥厚して横に長くのび、まっすぐになるものや、途中曲って来るものもあり、ひげ根を出す。これは真の根茎でヤマノイモのいもとは形態学的に全くちがう。葉は長い柄で互生し、心臓形で先端が尖り、質薄く無毛である。雌雄異株で夏になると葉腋から長い花序を出し、淡緑色の花を並べ咲かせる。雄花序は花軸から更に二〜五花をつけた小花序に分かれるが、雌花序はたれ下って一花ずつならんだ無柄の雌花をつけたものである。花被は六片あり、雄花は雄しべ六、雌花には三柱頭を持ち、さく果は三枚のはねがあり、たれ下った穂に上向についており、種子の一方には膜質の翼がある。長寿を祝うため正月の飾りに使い、そのひげ根を老人のひげ根にたとえ、ちょうどエビを海老と書くように、山にはえるというので野老と書く。根茎を食用とすることもあるが、味は苦い。（漢名）普通山萆薢が使われているが誤り」

植物学的性状は右のようであるが、名前のトコロはどこからきたのだろうか。村田懋磨さんの『土名対照鮮満植物字彙』（昭和七年）によると、トコロの朝鮮名として萆薢・土茯苓・仙遺粮・冷飯團が挙げられているが、このうち土茯苓の発音は tho-pok-lyong でトコロに近い感じがする。ただし土茯苓は一般には別の植物とされている。松村任三博士の『溯源語彙』（昭和十年）には中

国語からの推理として、毒に関係のあるものとしての「毒絡」、つまり「毒 tok 絡 lo」を挙げている。深津正さんは『植物和名語源新考』（昭和五十四年）の中でインドネシア語の塊を意味する tongkol に由来する可能性を示唆している。イネ・コメ・モミ・アワのようにインドネシア系の言葉がわが国にかなり伝わっていること、それにこの地方でもヤマノイモ科の植物が食用に供されていること、植物の塊茎を表わすのにこの語を用いることなどを、その理由に挙げている。いずれにしても正確な語源はわからないが、古くから用いられていた言葉であることに間違いない。古くは「土古呂」の字をあてていたことが江戸初期に出た「和漢三才図会」に見えている。

(2) 現　代

オニドコロに挑戦　味が苦くて、いまはほとんど食べる人がいないので、その食べ方もすっかり忘れられているこのオニドコロ（トコロの別名）に敢然と挑戦し、苦心惨たんして食べた人がいる。山菜料理家で『野生の食卓』（昭和五十三年）を書いた甘糟幸子さんである。その話を紹介しよう。

「オニドコロの食べ方はいくつかの本に出ていますが、私がまず権威ある本山荻舟の〝飲食事典〟（平凡社）にそってやってみました。荻舟先生はこう書いています。『秋にその根を掘り、細かく切ってゆでたものを、たびたび水替して一夜そのままに放置すると苦味がぬけるから、米麦などにまぜて飯に炊き込む』。

私はこの通りしましたが、苦くて味見したあとは胃痛がおきるのでないかと心配したほどでした。

二度目には自分で工夫して、ひげ根のついた皮を前回より厚くむき、茹る時間もたっぷりとって、水道の水を出したままで一昼夜さらしてから蒸してみましたが、やはり苦くて食べられたものでありません。そして料理研究家といわれる先生の本に『親指ぐらいのオニドコロをゆでて軽く塩をふって食べると、オツナ味がするものです』と書いてあるのを思い出して『嘘つき！』と思わず一人で叫んでしまいました。

ともかく、食べた人があるのだから、ここで放り出してはなりません。私は気をとり直して、さらに資料を見たり、工夫を加えたりしました。最終的にやってみたことは㈠、繊維を縦に薄切りにすること、㈡、強い灰汁でゆでること、㈢、水道の水を細くして流しながら三昼夜さらすこと、㈣、さらに蒸し器で二十分程蒸す。その後は百合根を煮たときのことを思い出して、お酒をたっぷり使って、多めの砂糖にだし汁、醤油を合わせて弱火でゆっくり煮てみたのです。

今度はどうやら食べられそうです。毒味役は主人ですが、『うまい味だよ』と小皿のオニドコロを平らげてしまいました。翌日になっても、おなかの調子が悪いと言いませんので次には遊びに来た友人に食べさせました」

こんなに苦心惨胆してまでなぜ甘糟さんはオニドコロに挑戦してみる気になったのだろうか。その背景を次のように書いている。「庭のオニドコロがいよいよ茂ってきましたので、私は掘り起して食べてみたいと思いました。あばれ馬を乗りこなしてみようと思った人のように、ちょっと勇んだ心でこの毒草で料理を作ってみようと思ったのです」。言ってみれば甘糟さんは、あり余る食品に囲まれ、なに一つ不自由はしていないが、それだけに刺激のなくなった現代の食生活に一種の冒険を求めて挑戦したのである。

豊かさに飽きて　現代は山菜ブームの時代だという。甘糟さんもその有力な担い手なのだろう。『山菜手帖』（昭和五十二年）を書いた管野邦夫さんは山菜のもてはやされる理由として「いくら高いといっても、真冬のスイカ・メロン・輸入物の果物・西洋野菜、食べようと思えば手の出ないほどの高価なものはそうない。野菜・果物に限らず菓子でも飲みものでも店にあふれている幸せな時代である。こんな時にこそ山菜はもてはやされるのかもしれない」ことを挙げている。そして、この書き出しの小見出しに「ぜいたくにあきて」と書いているが、ほんとうだと思う。

いまほど野菜や果物が豊富に、しかも年中出まわっている時代はない。

一月、戦前なら北海道では鮮度の落ちたキャベツ・ハクサイ・ホウレン草などごく限られた囲い野菜で細々と長い冬を暮している最中である。ところが今はどうだろうか。ためしに一月の場末のスーパーの野菜売り場（昭和五十四年）をのぞいてみた。

葉菜類（二十七種）

レタス・キャベツ・紫キャベツ・芽キャベツ・ブロッコリ・花ヤサイ・チシャ・ミツバ・パセリ・セロリ・青ジソ・ホウレン草・シロナ・ハクサイ・クキタチ・ニラ・長ネギ・アサヅキ・菜

の花・春菊・モヤシ・フキ・ワラビ・ゼンマイ・タケノコ・ネマガリタケノコ・タマネギ

果菜類（十種）

ササゲ・サヤエンドウ・グリンピース・ナス・キュウリ・トマト・ピーマン・シシトウガラシ・ギンナン・ユズ

根菜類（十二種）

ダイコン・ニンジン・ゴボウ・レンコン・ネワサビ・ナガイモ・バレイショ・サツマイモ・サトイモ・ニンニク・ショウガ

キノコ類（六種）

シイタケ・エノキタケ・シメジ・タモギタケ・ナメコ・マッシュルーム

乾物類（四種）

乾柿・切干大根・乾イモ・乾菊

果物類（十八種）

カキ・ブドウ・ミカン・ハッサク・甘ナツカン・ナシ・リンゴ・キンカン・レモン・オレンジ・バナナ・パイナップル・キュイフルーツ・グレープフルーツ・スイカ・イチゴ・クルミ・落花生

冷凍野菜類（四種）

スイートコーン・ササゲ・枝豆・カボチャ

冷凍野菜を入れて合計八十一種類の野菜や果物が並んでいた。戦前なら一年かかっても店頭に並ばなかったものが、今は真冬の一月に並んでいる。乾燥を防ぐために新聞紙にくるんでおいても長い貯蔵でしなびてしまう白菜にあきて冬が終り、春が来て、真青なクキタチがお浸しとして食膳にのぼった時のあの新鮮な感動は遠い昔のことになってしまった。

山菜がもてはやされるいま一つの理由はこのなくなった季節感に対する淡い郷愁かもしれない。児玉栄一郎さんも『山菜事典』(昭和四十六年)のあとがきに「今日私共が山菜や野菜を化学的に分析して成績をみると、野菜と称するものと成分上あまり優劣がないのみか、むしろビタミン量やミネラルの量などの点で立まさっている品種が少なくないのである。ただ野菜にもそれぞれの優れた特色があるので、これを適当に取捨選択して、季節感をいかし、食膳に色香を副え、生きる喜びを味えばそれでよいのである」と書いている。

ひずみ　一年かかってもお目にかかれなかった野菜や果物に真冬にお目にかかれるようになったのは一面では喜ばしいことであるが、他の一面では考えなければいけない多くの問題を提起している。

「やおややスーパーで売っている野菜や果物は、どれもみんな、農薬と化学肥料をたっぷりとほどこされて、温室やビニールハウスのなかで自然の暑さ寒さも知らないで育ったものです。まだ青いうちに摘みとられ、箱のなかで赤くなるコクのない味のトマト、まっすぐでみてくれはよいが味もそっけもないキュウリ、ビニールハウスで促成栽培された水っぽいイチゴなど、どれもこれもそういう育ち方をしたものが四季を問わず売られています。こういう野菜や果物は、その栽培に使われた農薬・化学肥料が人体に有害だというだけでなく、人間に必要なミネラル・ビタミンも不足していたり、かたよったりしているのです。

こうした野菜にくらべ野草はどうでしょう。（中略）野草のほうは自然の大地に生え育って、土の中からミネラルなど自然の栄養物をたっぷり吸収し、日光と大気のエネルギーを十分与えられていきています。（中略）強い生命力ある野草を食べますとそのすぐれた成分と薬効が体の抵抗力を強め生理機能を正常化してくれます」と『野草ハンドブック』（昭和五十二年）の著者森下敬一さんは言っている。農薬や無機質肥料を過剰なまでに用いられて健康を害しかねない野菜も有機農法や山菜ブームをつくり出している大きい要因の一つかもしれない。

このように山菜ブームをつくり出している要因はいろいろと考えられるが要約すると、㈠高度経済成長によってつくり出された過密都市での自然の喪失がもたらした都市住民の自然への回帰心、㈡農業における技術革新によって年中豊かに出まわるようになった食品による季節感の喪失、㈢過剰な農薬や無機質肥料で育った野菜や果物に対する健康上の心配ならびに品質低下に対する不満、㈣生活の向上・安定にともなう倦怠感、などであろう。山菜ブームをみせかけの豊かさに対する反省とみれば、それは文明に対する問い直し作業の一環とみることができるし、豊かさに飽きてというのであれば、ゆとりある山菜への接し方といえるかもしれない。しかし、よく考えてみると、このようなゆとりある接し方ができるようになったのは、大げさにいえば日本の歴史始まって以来のことであって、わずか三十年さかのぼれば事情が一変してしまうことは戦前・戦後の生活事情を考えればすぐわかる。

暗黒時代　戦争に敗れた翌年の昭和二十一年に北大の先生だった舘脇操さんが書いた『摘草百種』の序文には次のように摘草の時代背景が書かれている。

「摘草というと悠長な閑かさを持って耳に軟く響いて来るが、近年の摘草にはひしひしと食糧難の問題が含まれてそんな生易しいものでなくなった。摘草は山菜採取と銘を打って、食糧部門に重任を負はされ、又事実其の責をかなり果しつつ来った。」

戦争中の食糧不足は全国どこでも同じで、台湾の台北にいた私も空腹をかかえ、いろいろな野草を糧物にした。昨今であればどこの花屋でもハイビスカスの一鉢や二鉢置いていないところはないが、あの美しい花のハイビスカスは台北では生垣に普通に用いられているありふれた花木である。そしてその葉をよく食べた。生の葉を切ると少しネバネバするが、おかゆや味噌汁に入れてしまえばなんの障りにもならない。こんな思い出があるものだから、植木は好きだが、ハイビスカスを買って楽しむ気にならない。花より先に葉に目がいって、あのいまわしい戦争と空腹を思い出すからである。

二十一年春、北海道に引き揚げて来たが、山菜から解放されることはなかった。いまは札幌市の圏内に入っていて、新興住宅の密集している花畔《バンナグロ》などは、畑の周辺ならどこでもワラビだらけで、秋から冬の貯蔵用にと、リュックサックに一背負いも採ってきた。その頃は科学もあまり発達していなかったから、ワラビに発癌物質が含まれているといっておどかされることもなかったので、ワラビに油揚を入れてたらふくたべた。山菜とりは摘草などという悠長なものでなかった。もし私が昭和二十一年頃に山菜の本を書いたら、「摘草百種」などという優雅な題は空腹が思い出させてくれなかっただろうと思う。

戦後の食糧不足は極端だったとしても、戦争中だって食糧が豊富だったわけではない。ただ、戦後とくらべて、配給制度などを通してある程度の秩序が保たれていたので、細々と食生活が維持されていたにすぎない。この配給制度も戦争末期になると機能しなくなり、欠配することがザラだった。そしてタンスの着物が一枚一枚食糧と交換されていった。

都市は米軍の飛行機による爆撃が日に日に烈しくなり、学童疎開がおこなわれるようになった。農村や山村に疎開したからといって、充分な食糧にありつけたわけではない。学校から帰ると子供たちは毎日田圃や道端に野草を取りに出かけた。カンゾウ・ノビル・スベリヒユ・ハコベ、なんでも食べられるものは取ってきたと東京から甲府市の田舎に疎開した人の話が『暮しの手帖』九六号（昭和四十三年）にのっている。また同じ甲府に十九年の九月学童集団疎開で来た児童の献立表には、

朝、茄子味噌汁、茄子塩漬

昼、茄子味噌汁、茄子塩漬

夕、茄子味噌汁、茄子塩漬、茄子煮

とある。九月、たまさか茄子の最盛期であったのだろうが、発育盛り、食い盛りの子供のおかず

がこれである。

このような極端な食糧の不足は戦況の不利にともなう肥料や農薬の不足、さらには働き手の徴兵、などによるとしても、開戦翌年の昭和十七年でさえ、すでに食糧事情の悪化が憂慮されだしていたのだから、いかに無謀な戦争をはじめたかがわかろうというものである。陸軍大佐、東方《ヒガシカタ》籌《ハカル》さんの『非常食糧の研究』(昭和十七年)の序文には次のようなことが書かれている。

「独逸《ドイツ》は聯合国を相手に五ヶ年間勝ち抜きながら終《ツイ》に食糧問題のために内部崩壊に陥り、聯合国の足下に最大の屈辱的講和を強制させせられた。之を懐《オモ》ふと吾人は実に戦慄に堪《タ》えないものがある。(中略)四時を通じて國内到る所に天然の自然食糧が存在して、吾等の窮乏を凌《シノ》ぐに足らしむ。只《タダ》手を拱《コマネ》いては得られない。働いて採るべきである。」

山菜は聖戦――当時第二次世界大戦をこう呼んでいた――を遂行して大東亜共栄圏――侵略戦争の目的をこう美化していた――を建設するための担い手にさせられた。今から考えれば、どれもこれも皆馬鹿げたスローガンであったが、当時は言う方も聞く方も、みな大真面目であった。そしてこの本には江戸時代の飢饉用に書かれた各種の本から転載した草木類二百六十一種、海草類十六種、食蕈類、カマキリ・キクイムシなどの禽獣魚介昆虫類六十種をのせて戦争をあおった。もちろん、例のトコロも含まれている。

しかし、山菜をあてにしなければならないような戦争は先が見えている。美しく、楚々とした花を咲かすこの国の山菜に戦争の片棒をかつがせた人々の愚かさを嘆かずにはいられない。

昭和初期の冷害　戦争時代は同じ昭和でも特殊な時代だから山菜に負わされた過大な期待は格別だと思うかもしれないが、戦争と直接関係のなかった昭和初期でも山菜の厄介にならないですんだ時代ではなかった。昭和初期は第一次世界大戦を契期に膨脹した経済の世界的収縮期であった。昭和四年、ニューヨーク・ウォール街の金融取引停止にはじまった世界恐慌は怒濤のように各国にひろがり、この国にも襲ってきた。企業の倒産と失業者の増大は社会不安をもたらすとともに、長期の不況は農村経済の基盤を弱体化した。

このような時期の昭和六年に大冷害が東北・北海道を襲った。水稲は半作以下で反百キログラムを割った。農作物の品質改善ならびに収量の安定向上にその使命を持っているはずの北海道農事試験場でさえ『北海道における食用野生植物』（昭和六年）という特別報告書をだすほどであった。その序には、この間の事情が次のように書かれている。

「本年本道の気候は春季以来著しく不順にして、作物の作況不良なりしを以て、地方によりては収穫の激減、食糧の不足を慮《オモンバカ》り、夏秋の候、既に野生植物を採集し、之《コレ》が利用を講ぜんとするものあるに至れるは、洵《マコト》に憂慮に堪《タ》えざるところなりとす。この時に當《アタ》り、食用野生植物の種類を明にし、その用途を知らしむると共に、他の混同し易き毒草との区別、並に含毒の部分をも分明ならしむるのは緊要のことなりと認め」、北海道各地に自生している四十八科百五十余種について、その形態・性状・利用できる部分、その利用方法などについて記述している。

この四十八科の内にはヤマノイモ科の植物が二種、すなわち、ナガイモとウチワドコロが記載されているが、例のトコロは広く自生しているにもかかわらず、記載されていない。苦味を抜くのに若干の手間隙がかかるが、採取しようと思えば比較的簡単に、そして大量にとれるし、澱粉質なので、救荒植物としては優れていると思われるが、食べられることさえ忘れ去られてしまっていたのだろうか。

明るい大正時代　昭和といえば非常に身近な存在なので、戦争時代を除いては、はじめから現在のような明るい接し方をしていたように思われがちだが、実状はそんなものではなかった。その点、一代さかのぼった大正の方が、山菜に対して明るい接し方をしていたように思われる。大正七年（一九一八年）に出た前田曙山の『趣味の野草』の序文は、よくこの時代を映しているように思われるので、文章は非常に難しいが、その一部を引用してみよう。

「野草必ずしも見るべからざるか。希微《キビ》の間幽葩《ユウハ》なきに非ず、榛蔚《シンウツ》の下《モト》綽約《シャクヤク》を見ざるに非ず、妖艶富麗《ヨウエンフレイ》のみ、之を花と言ふべからざるなり。卞氏連城《ベンシレンジョウ》の璧《タマ》、其光を縦《ハナ》たざる時は、即《スナハ》ち草莽《ソウモウ》の間に窮《キハ》まれるを見ずや。僕自ら野草の為に伯楽《ハクラク》たらむとするに非ざれども、願はくわ鉉鏗《コウコウ》として鼓吹《コスイ》の任に中《アタ》らむことを。」

これを現代風に言い換えると「野草は見る価値のないものだろうか。薄暗い所に奥床しい花がないわけではない。草木が深く茂っているところにも、しとやかで美しいものがみられる。あでやかで美しい花だけが花ではない。野草の花の美しさを知らなければ、美しい花も草むらに人知れずそっと咲いているにすぎない。私自身、ほんとうに野草の良さを知り尽しているというのでないけれども、できる限り、野草の良さを皆さんに宣伝したいのです」というほどの意味である。別に食糧に困って野草を食べようとするのでなく、趣味として食卓を飾り、趣味として野草の美しさをめでようというのである。

大正七年といえば第一次世界大戦の最中である。日本も参戦はしていたが、主戦場のヨーロッパは遠く離れていたし、日本の戦場も中国大陸の山東半島の一部と南洋群島（いまのサイパン島を含む一帯）方面に限られ、しかも勝ち戦で、そのうえ、戦争に必要な物資の輸出で景気がよく、経済が膨脹して、国民の意気が高揚した時代であった。これらを背景に大正デモクラシーといわれる時代の花が開いた。『趣味の野草』という題名といい、凝りに凝った文章といい、行間ににじむおおらかさといい、どれ一つとっても、ゆとりある時代の背景を考えることなしに理解できない。

新しい明治のいぶき

この『趣味の野草』をはじめとして、昨今出版されている野草に関する多くの本のスタイル、すなわち、植物をわかりやすく解説するとともに、その植物にまつわる文学、詩歌などを加えて、親しみやすい面白い読物とした最初はいつの時代、だれがはじめたのだろうか。一般には明治三十五年（一九〇二年）に裳華房から出版された川上瀧彌と森広の両氏になる『はな』という本だといわれている。両氏とも、北大の前身の札幌農学校を出た人である。

この『はな』は、まず最初に植物学の基礎的項目、たとえば、根・茎・葉・花などの各器官の機能、形態などをやさしく解説した後、各植物ごとに、その植物の特徴、その植物にまつわる詩歌・物語・花言葉など西洋のものも含めて載せているが、時には英語の詩を原文のまま使っている。もちろん、記載されている植物は本の題名からもわかるように、多くの園芸植物を含んでいるが、中にはタンポポ、ノギク、スミレなどの顕花植物に属する野生植物からシダのような陰花植物までも収録している。

では、なぜこのようなスタイルの本を書く気になったのだろうか。初版緒言でその背景を次のように書いている。

「世人科学を見る多くは乾燥無味となし、之を学ぶ者は超然として世を距《ヘダタ》ること遠く、美なく趣味なく詩韻《シイン》なく崇高なき者と為す誤れるかな。是れ単に其一斑を見て、而《シコウ》して全豹《ゼンシヨウ》を窺《ウカガ》はざるがゆえなり。蓋《ケダ》し美術と云ひ、文学と云ひ、宗教と云う、何れも自然を穿《ウガ》つの一方面にして、科学は其他方面に属す。共に洪大無邊極まりなき造化の大則を採るもの、科学豈《ア》に独り乾燥無味のみにして止《ヤ》まんや。殊に生物学の如き、一滴の水に幾万個の生命あるを尋ね、一個細胞の中に霊妙なる造化の手跡を探り、花に進化の原則を明らかにするに至つては、其美其妙豈鮮《アニスク》なしとせんや」

また両氏が在学中に一雑誌に出した四季の花に対する賞花録の冒頭に「知者は水を楽み、仁者は山を楽む、而して我等は花を楽む、花は自然の珠玉にして、造化の美は此中に萃《キワ》まる。ソロモンの栄華の極みの時だにも、其装《ヨソオイ》花の一に及ばざりき。若し夫《ソ》れ高尚なる娯楽は人心を清むる力ありとせば、我等花を愛する心を養い、一片の花をして能く天国の鍵ともならしむを得ば幸なり」と書いている。そこには江戸時代の閉塞的精神から解放されるとともに、はじめて手に入れた科学という新しい時代の精神と、神の恩寵を讃えようとするキリスト教精神が色濃くにじんでいるものの、明治初期の欧米科学の導入時にみられたような植物の名前と性状やその利用を覚えるだけの植物学教育にあきたらなかったことも、その背景をなしているのかもしれない。

(3)　江戸時代

救荒植物として

江戸時代は、昭和・大正・明治と比較的親近感を持って接することのできる現代と維新を境にしてはるかにひろがっている。江戸時代は飢饉の頻発した時代でもあったし、鎖国のもと、いろいろな文化を発酵させた時代でもあった。農学もその一つである。この時代を代表する農学者といえば『農業全書』（元禄十年、一五六七年）を書いた宮崎安貞と『広益国産考』（弘化元年～安政六年、一八四四～一八五九年）を書いた大蔵永常の二人を挙げねばならないだろう。宮崎安貞が江戸時代前期を代表する農学者とすれば、大蔵永常は江戸時代後期を代表する農学者である。宮崎安貞が米を中心とした農書を書いたのに対して大蔵永常は特用作物を中心とした農書を数多く書いた。その内で特に有名なのが『広益国産考』である。

彼は明和五年というから西暦一七六八年に豊後国、今の大分県の日田市に農家の子として生まれた。死亡年月日ははっきりしないが安政三年（一八五六年）八十九歳まで生存していた記録が残っているから、この時代の人としては長生きした方である。彼が活躍した江戸の末期はうちつづく泰平と商品経済の発達のために特用作物に対する需要が増大していた時代であるとともに、天明の飢饉からも遠く離れていった時代でもあった。

甘糟さんが悪戦苦闘して試食したトコロも、この時代にはすでに救荒植物としての地位を失いかけていたし、その食べる方法も忘れ去られてしまっていた。しかし飢饉の心配を全然しないですむような時代でもなかった。天保五年（一八三四年）、三河国（いまの愛知県）の田原藩に仕官して屋敷をもらった彼は、屋敷の四方に生えている竹林の中にトコロがたくさん自生しているのを見つけた。下男に命じて食べる方法を研究させて、天保六年（一八三五年）にその結果を『国産考』の第四巻に図入りで詳細に解説して公表したのである。彼は「飢饉ニハ五穀にかへて餓死をまぬがる」ものとして、トコロ・ワラビ・カラスウリ・キカラスウリをとりあげ、これらから澱粉をとる方法を記述した。そしてトコロをとりあげた背景を次のように書いている。

「あら玉のはじめ蓬莱《ホウライ》・喰摘《クイツミ》などの飾となすハ、ところハ年経ても朽ることなきものなれば、常敷《トコシク》などいふも祝して新年の食物となせし遺制なるべし。然るに今ハ國により食ふ所あれど大かたハ只草《タダクサ》とこゝろえて食となるべき事ハしらず也けり。且此物薬となりて諸病を治する事も唯医師のミ知りて諸人是をしることなし。年凶にして五穀登《ミノラ》ず辺境の民食に乏しく飢餓におよぶ時に至りてハ、偶《タマタマ》これを掘出すといへども、其苦味をしのびかね得も食ざること多し、曽《カツ》て戸谷老人なる人是《コレ》をなげき、苦味を去る工夫をなし、其物毒なくして薬となる事どもの証《アカシ》をひき、製萆解《セイヒカイ》略記《リヤクキ》といへる書をつゞりて世人にしらしめたれども、苦味をぬき製するに至りてハ口伝《クデン》とばかりしるし、且その書梓にのぼせざれば世に知る人稀《マレ》なり。故に予これを歎じ其書を補ハんことを願ふこと久し。」

おおよその意味は「昔は広く食物として利用されていたものが、いつの頃からか正月の食物になり、いまはそれもすたれて正月の蓬萊や喰摘——三方の上に白い紙をおき、その上に橙・かちぐり・ほんだわら・のしあわび・トコロなどをのせた正月用の飾りのことで、関西ではこれを蓬萊、関東では喰摘といった。正月の縁起ものの一つ——になって大抵の人は食べられることも知らないし、またその医薬としての効能も知らない。飢饉の年などに利用しようとしても、苦味をぬく方法を知らないので、食べることができない。昔、戸谷老人が製萆薢略記というトコロの本を書いたが、苦味をぬく方法は秘密にしたので、ぬき方を知っている人が少ない。それでこの本を書いた。」

問題の苦味について大蔵永常は次のように述べている。「萆薢に二種あり。葉少し長く根やせて毛長きあり。実葵《アオト》に似て横にひらたく根肥《コエ》て毛すくなきあり。毛多きハ苦味甚し。是を山萆薢《サンヒカイ》と名づけ、俗におにどころといふ。毛すくなきハ苦味大ひにうすし、西國辺にて村童是をほりて茄皮をさり菓子のカハリに食す。是を川萆薢《センヒカイ》と称し、和名あまところという」と書き出し、苦味の強いオニドコロは雌で、苦味の弱い方のアマドコロは雄としているが、これはあまりいただけない。オニドコロは学名が *Dioscorea Tokoro* Makino であるのに対して川萆薢はエドトコロのことで *Dioscorea tenuipes* Franch. et Sav. オニドコロとは種がちがう。アマドコロはユリ科の植物で、オニドコロのようなヤマノイモ科ではなく、まったく別物であるが、苦味がないので便宜

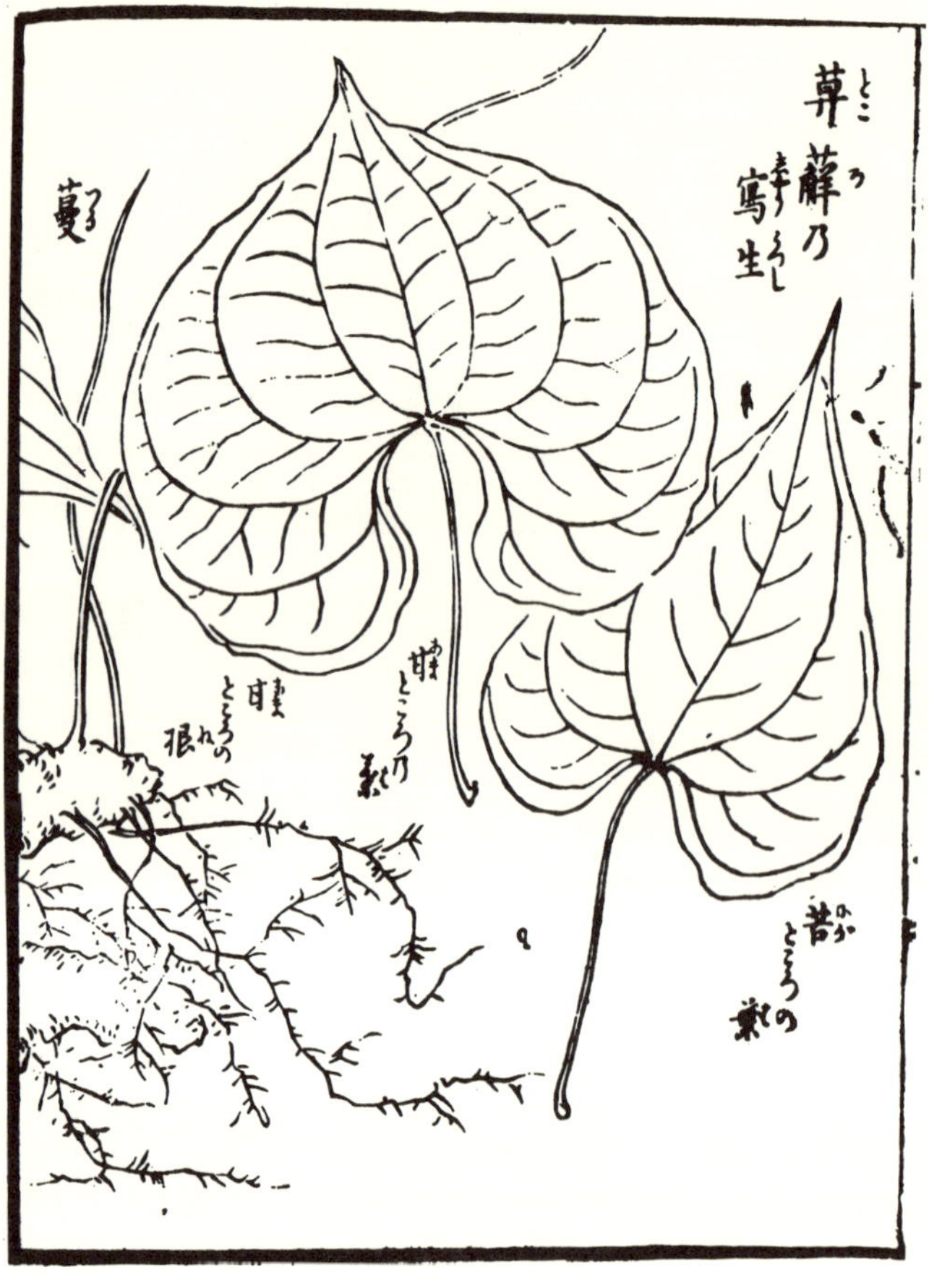

萆薢の写生（大蔵永常『広益国産考』より）

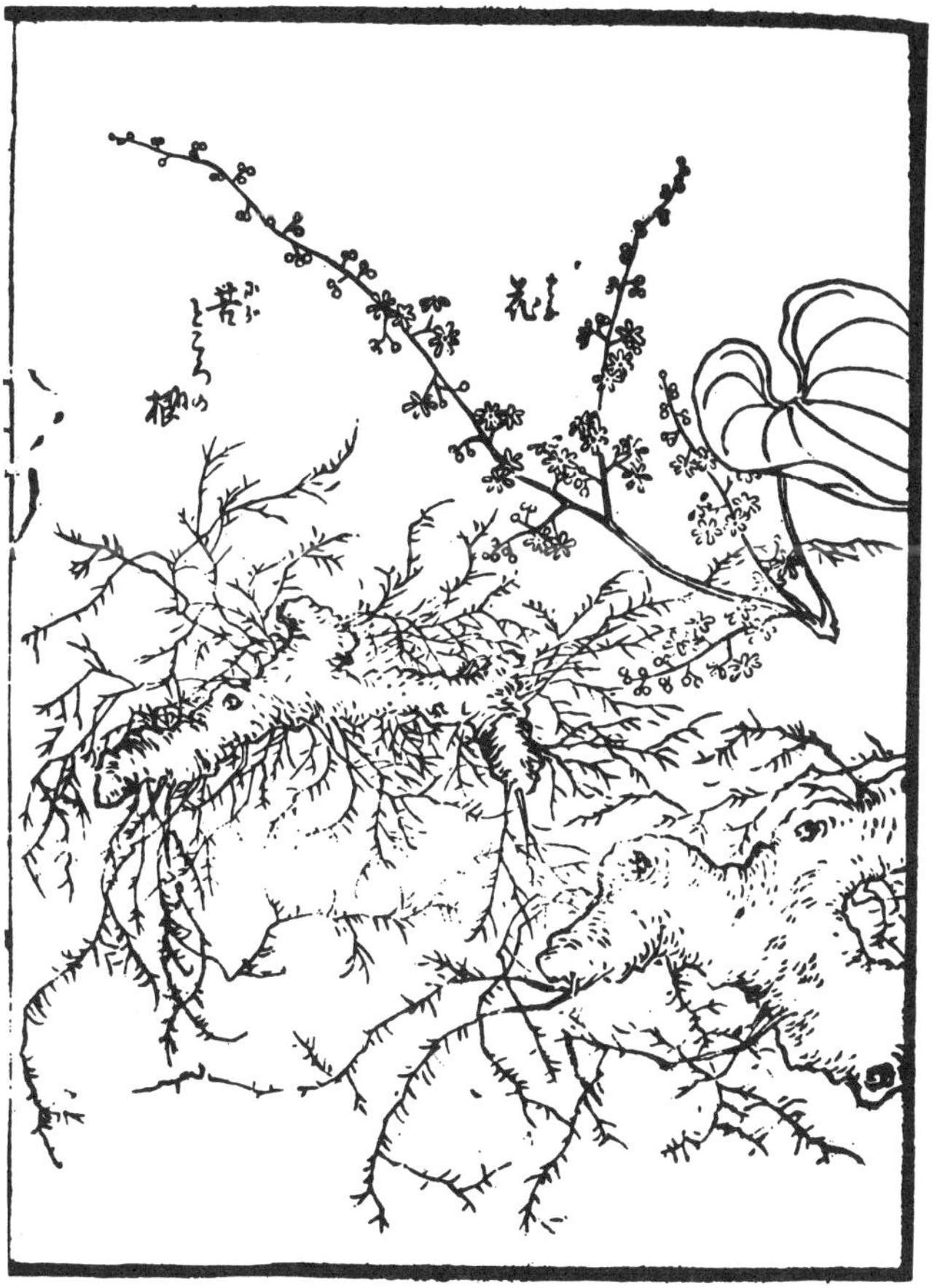
苦ところの根
花

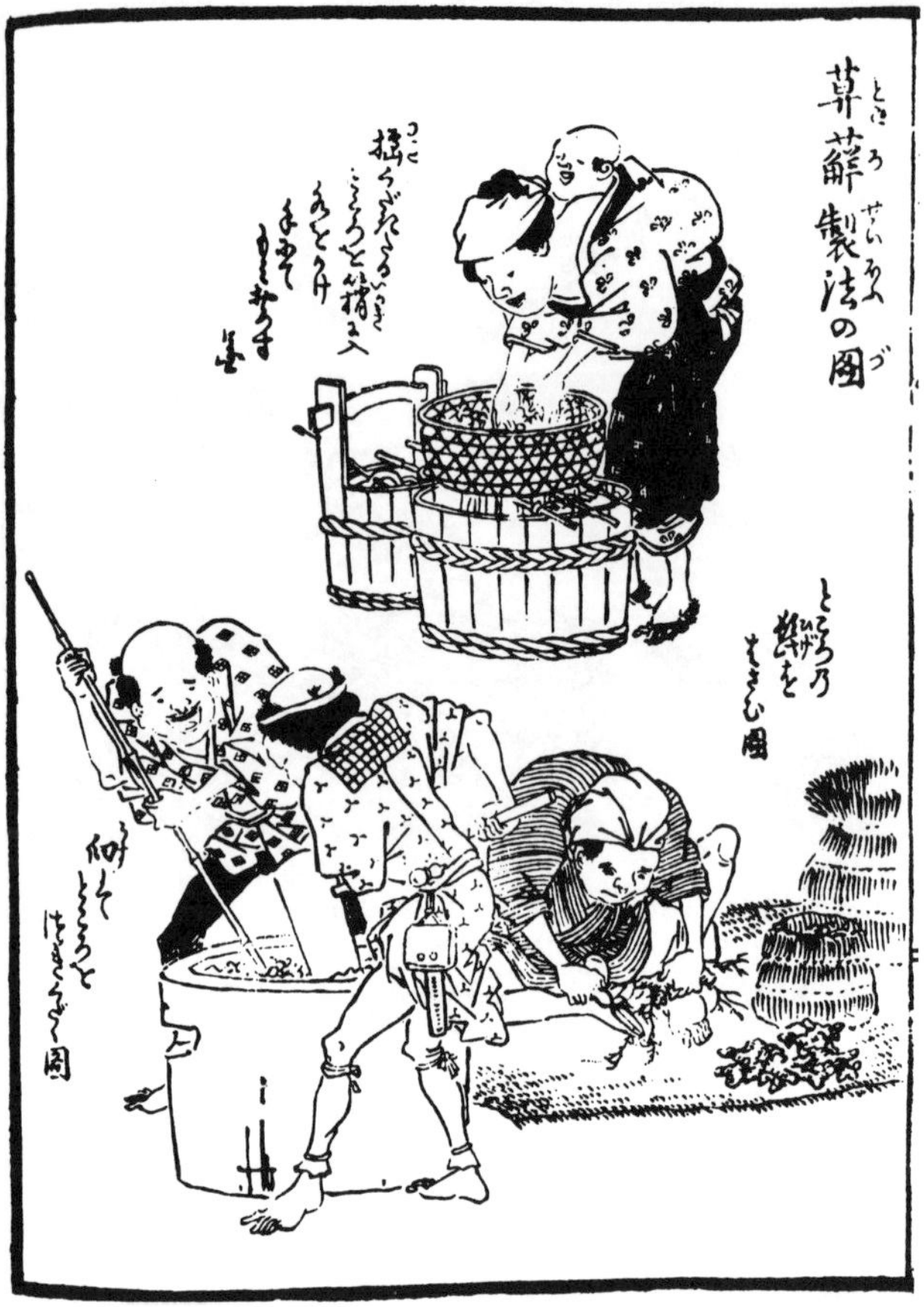

萆薢製法の図(大蔵永常『広益国産考』より)

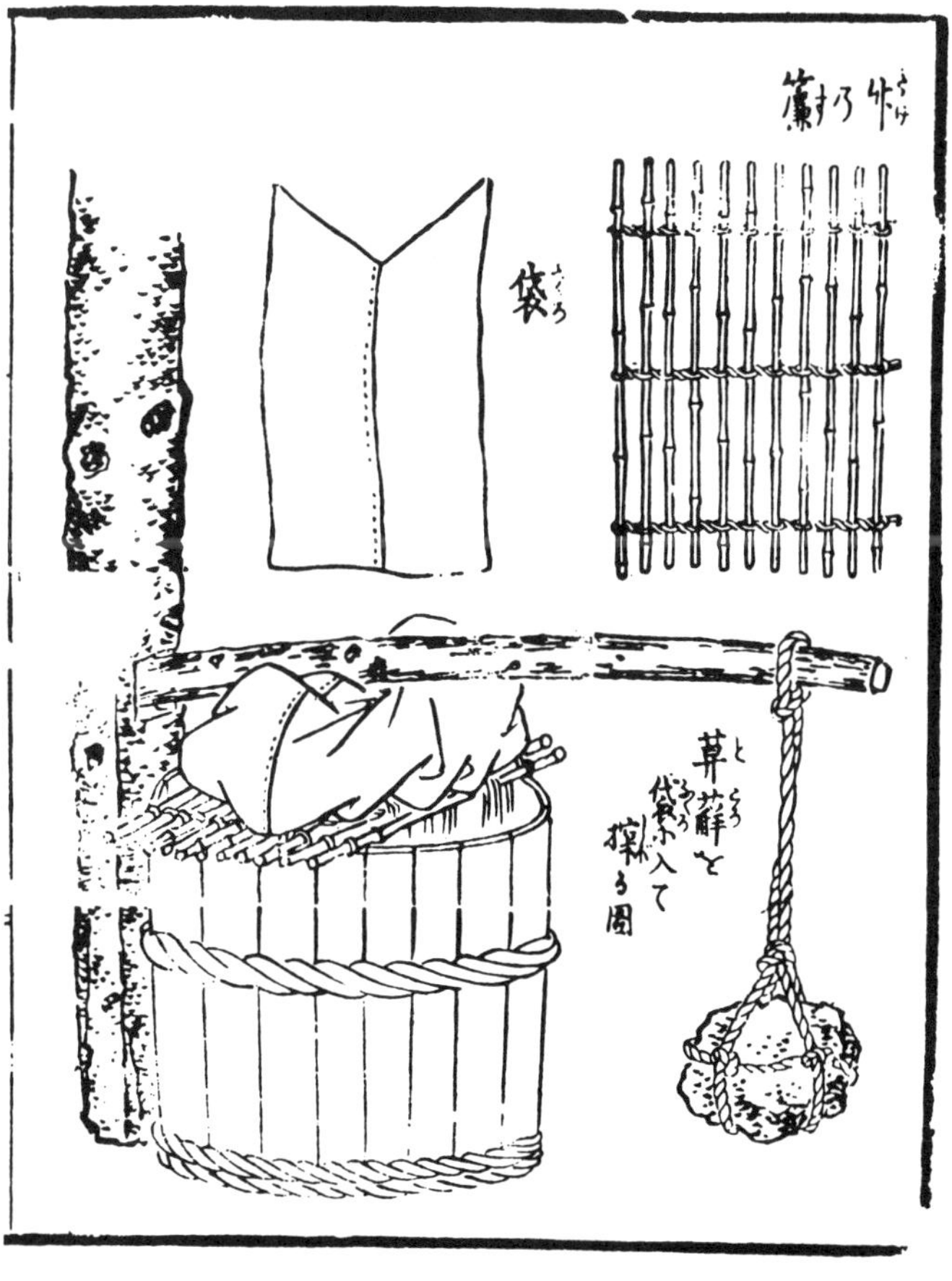
竹《たけ》のす簾
袋《ふくろ》
萆薢《ところ》を袋《ふくろ》に入て採る図

的にエドトコロのことをアマドコロと言ったのであろう。エドトコロは本来苦味のない種なので、苦味の有無は性別とはなんの関係もない。

オニドコロから苦味を抜く彼の方法は次のようなものであるが、甘糟さんとの比較のため全文をのせてみよう。

「髭《ヒゲ》をむしりたるを碓にて搗《ツ》き壱人はふミ壱人ハ竹の箆《ヘラ》をもつて碓の中を交かえし、残らず能《ヨク》潰《ツブ》れたるとき桶やうのものにこそげ揚《アゲ》、四斗樽くらゐの桶に箱《イカキ》（ざるのこと）を置き、その中に搗きたる所を入、水をかけ手にてもミもミすれば、粕は箱に残る也。其粕をまた碓に入つきて又箱に入水をかけもめば粕は箱にのこる也。此粕ハのけ置、又別に四斗樽ぐらゐの桶に竹にても木にても長サ弐尺弐三寸にして拾本ほど縄にてあミたるをのせ、其上に布の太く織たるにて豆腐を漉《コス》やう袋を作りのせ、先に絞りたる桶の水をかきまぜ杓《ヒシャク》にてすくひ、袋に入豆腐を絞るごとく棒にて袋を押絞れバ、粕は袋にのこり水ハ桶に溜る也。此水を凡一日澄しおき、上水をすたミとれば下に葛《クズ》粉のごとく白く堅まりてたまる。是《コレ》即《スナハチ》ところ粉也。其まゝ庖丁《ホウチヨウ》にておこし日に干上れバ少し鼠色の粉となる也。是をおこさず又水を入れ棒にてかきまぜ、又一日置上水をすたミとり又水を入前のごとく四五度して起し、干上れば白葛粉と同じく大白の粉と成也。かように製すれば少しも苦なくごく上品也。是に氷おろし（ザラメのこと）あるひは大白の砂糖を合し打ものゝ菓子とするに葛粉にて打たるも同然にて、葛粉とハちがひ薬と成り功能あることなれば、歴々の小児方へは此菓子を上菓子のかハりに用ひ給ハゞ左にいう功能のごとく蚘虫《カイチユウ》生ぜず無病たらしむべし。又屋敷廻りにあらば掘りて葛となし正葛の代わりに用ふべし。
扨て右搾りたる糟ハ強き灰汁を入よく煮あげ箱に打あけ流れ川へひたし、三四日置バ苦味ぬくる也。流れ河なき所にてハ桶に入、四五日も毎日水をかゆれば苦味去なり。是を麦飯にても又粟飯にても焚《タキ》て火引ころ上に置交て食すれバ、糧のたしとなるもの也。又ハほして貯置用ふるにハ其前夜より水に浸しおき、右のごとくして食してもよし。常にかくのごとくして貯へ置なば飢饉の備へとなるなり。」

以上が製法の全文であるが、鎌倉の甘糟さんと一番ちがうことは、大蔵永常が粉にして水洗して苦味を取っているのに対して、甘糟さんはスライス状のものから苦味を取ろうとしている点である。彼女はオヤツにところを食べようとしているのに対して大蔵永常は粉にして主食の一部として食べようとしている。この利用態度の差が苦味抜きの方法にはっきりあらわれている。一般には、粉状にする方が苦味をとるのに便利であることは当然である。

大蔵永常はこの製法のあとに、ところの功能を驚くほどたくさん挙げている。まず第一が漢方薬としてのもので、中風・痛風・慢性胃カタル・せき・食道狭窄・腹痛・痔・淋病・梅毒・ひぜん・たむし・二日酔・痰症・神経痛・リウマチ・打撲・くじきなどの外に男女諸血《ナニニョショケツ》といって諸病の原因である悪い血にも効くし、水あたり・健胃・強壮・鎮痛などに効果があると、その病名を挙げている。

これら医薬としての効能以外に衣類や紙を貼る時の糊に、粕は蚊遣に使ったり、たどんに混ぜ

かいばに萆薢をまぜて喰す図（大蔵永常『広益国産考』より）

ると火持が良くなるとしている。この粕は何年貯えても虫がつかないので長期の保存に耐える。馬や牛にところの粉を食べさせれば病気もなおる。ふだんから食べさせておけば精力を増し、健康に良いなどいろいろの利用法にふれている。変ったところでは、掘ったまま苦味をさらさず、細かく切って田圃にふりこめば肥料となるばかりでなく、その田圃にはウンカが発生しない。さらに、砕いて粉にする時の上水を虫がついた野菜にかければ虫が死ぬ。またこの上水で衣類を洗濯すると垢やしみがよく落ちる。

栽培されたトコロ　江戸時代の前期、『養生訓』で有名な儒学者、貝原益軒（一六三〇〜一七一四年）は農業関係の本も数多く出している。『菜譜』（宝永元年、一七〇四年）もその一つである。この本は栽培指導書ともいうべきもので、当時食用にしていた蔬菜を圃菜（畑で作っている蔬菜）と野菜（山野の食用になる植物）とに分けて、その性状・栽培法を記述している。このような分類からしても、当時、山菜が畑でつくられる蔬菜と同程度の重みをもっていたことを示すものである。そして、この野菜の項に、山薬《ヤマイモ》・萆薢《トコロ》・葛《クズ》・蕨《ワラビ》・紫蕨《ゼンマイ》・薇《イノテ》・独活《ウド》・土筆《ツクツクシ》・鼠麴草《ハハコグサ》・藤天蓼《マタタビ》・浜防《ハマボウ》風《フウ》・藁蕎《ヨメガハギ》など十二種の山菜をのせている。萆薢について次のように述べている。

「本草を考ふるに、鬼ところも、ところも萆薢なり。鬼ところは食ふべからず。ところは山中に多し、又はたけに作るべし。江戸に、はたけに作るは、色黄にして味よし。飢饉をすくふに、ところを横に切、よく煮て、一夜水につけ置、取出し、飯の中に入、蒸して食す。味よし、苦からず。うへを助く。かくのごとくせざれば、にがくて飯にまじえて食しがたし。ところをほして、其形をまるき墨のごとくけづりて、朱墨を硯にてすりたるあとに、是を以朱をするに朱和にしけて、少なるも多くなり、色も亦あざやかなり。其性相よろこぶ物なるべし。墨をするに用るもよし。」

また、著者は明らかでないが、『菜譜』より前の一六八〇年代に書かれたと思われる『百姓伝記』にもトコロの栽培法がのっている。

「一、ところハ山ところ、やぶところ自然とはへ、何國にも多きものなり。花さき実なるつるハ山のいもに似たれども、いかごなし。こまかなるさやいくつも一処に付て有るものなり。蒔てよくもへ出る。しかれとも大きになることをそし。冬春にところをほりて毛をむしり、いくつにもおりて植れハ、其暮にまた子さきて、多くなる也。

一、ところを植るに黒ぶく地、井木、かやのくさりたる、やハらかなる土地よし。石地、砂地、ねバ真土相応ならす。こやしにも灰にごミあくたのくさりたるを置へし。竹木を以手をくれて、つるをはわせよ。山ところ、やぶところハにがき事かきりなし。されど土をよく洗ひ、わせわら灰(早生稲わらの灰)か、きびからか、あわから、そバからの灰をあくにたれ、麦ぬかを入、よくにて、其後湯煎をして粮の料に用べし。五穀、雑穀を合して餅につきて喰ふによし。

一、ところにつくねところといひて、毛もすくなく、にがミうすきものあり。今京、大坂、江戸近辺の在々にて多く作る。諸国ともにハ多からす。にがところも能地に植て、わら灰をこやしにするときハ、にがミうすし。」

江戸時代を前期までさかのぼると、自然のものを採取利用するばかりでなく、畑で、手竹を立てて、肥料をやり栽培されていた。しかも、苦味の少ない品種を利用していた。恐らく、山野に自生しているトコロの中から、苦味の少ない変りものを見つけて、品種として栽培するようになったものと思われる。トコロに対する需要の増大が、農業技術の発展とあいまって、農作物として取りあげられるようになったのは非常に大きな進歩である。

(4) 奈良・平安時代

貴族文学の中のトコロ

トコロと人々との係わり合いは、時代をさかのぼればさかのぼるほど色濃くなっていく様子がよくわかる。実際江戸時代をさらにさかのぼった奈良・平安時代には、農書という形では残されていないが、記録や文学の世界に、いろいろな形であらわれ、豊かな色どりを添えている。なまの形でないだけに、いっそう人々との係わりの深さをしのばせる。

平安末期につくられた『今昔物語』(一一二〇～一一三〇年)は、天竺《テンジク》(インド)・震旦《シンタン》(中国)・本朝(日本)の説話を集めた三十一巻からなる説話集で、いずれの話も「今昔《イマハムカシ》」ではじまり、「トナム語リ伝ヘタルトヤ」で終わるので有名であるが、その中にトコロにまつわる面白い説話があるので紹介しよう。

「今は昔、兵衛佐平定文《ヒョウエノスケタイラノサダフミ》という人がいた。身分もありなかなかのハンサムで話し上手だったので、女に大変もてた。この人が、大臣の藤原時平の邸に仕えている侍従君《ジジユウノキミ》という美女に一片ならぬ思いを寄せるようになった。そして何度も手紙を出したがよい返事をもらえない。いかな気の強い女でも、五月雨《サミダレ》の降るような晩におしかけていったら、心を動かすだろうと思って行ったが、あっさり肘鉄をくわされた。さすがの定文も気落ちして、この上はなんとかこの女を嫌になる方法はないかと思いを廻らすうちに、いいことを思いついた。

この人がどんなに美人でも、便器の内のものは自分と同じものにちがいない。これを見たらなんぼなんでも嫌気がさすだろう。そこで邸から女童が持って出てくる便器を強奪して、おそるおそる蓋を開けてみると、丁字の良い香りが鼻をくすぐる。不審に思って中を覗くと、薄黄色のかたまりが三切入っていた。あれに違いないと思ったが、あまりに良い香りなので、棒切れで突ついてみると、黒方《クロボウ》(薫の一種)の香りがする。なめてみると、ほろ苦く甘い。尿と見えたのは丁字の煮汁、それらしい固まりはトコロを練り、香と甘葛《アマヅラ》で調合し、太筆の柄から押し出し、太さもそれらしくして作ったものであった。定文は自分の心の中をみぬき、手をうっていた女の利発さにすっかり感心して、ますます恋いこがれ、とうとう悩みつづけて死んだということである」(集英社)。

平安時代の勅選歌集の一つである拾遺和歌集《シュウイワカシュウ》の第十六巻には、トコロを採取しているところを詠んだ歌がある。

「春ものにまかりけるに壺装束《ツボソウゾク》して侍《ハベ》りける女どもの野辺に侍りけるを見て何わざするぞと問ひければ野老ほるなりと応へければ、賀朝法師

春の野に　野老もとむと　いふなるは　二人ぬばかり　見出たりや君」

歌の前言葉と歌の意味は、春、あるところに行った時に壺装束——平安時代から鎌倉時代にかけて、中流以上の女性の外出する時の服装で、市女笠《イチメガサ》をかぶり薄絹を着ていた——をつけた女たちが野辺にいるのをみて、何をしているのかと尋ねたら、トコロを掘っているところですと答えたので、賀朝法師がこれを歌に詠んで、春の野にトコロを掘っているというが、おめあての二人寝のためのところは見つかりましたか、というほどの意味で、トコロもとむを所《トコロ》もとむにかけた戯歌《ザレウタ》である。その返し歌は、

春の野に　ほるほるみれど　なかりけり　世にところせき　人のためには

意味は、春の野に一生懸命ところを探しているように見えるけれど、世をはばかる人のための二人寝のところなどはありませんよ、といったほどのものである。

歌や文学の世界とは別に、平安時代中期の承平年間（九三一～九三八年）にできた源《ミナモトノ》順《シタガフ》の『倭名類聚鈔』という、ものの出所などを考証・注釈した本にも、

薢、味苦小甘無毒、焼蒸充粮

と出ている。トコロは苦味があるが毒がない。焼いたり、蒸したりして食糧にするという意味である。

万葉の中のトコロ　奈良時代の末に編纂された『万葉集』にも、トコロを詠んだ歌が二首収録されている。一つは、

皇神《スメロギ》の　神の宮人　ところづら　いや常《トコ》しくに　吾かへり見む（一一三三）

意味は、天皇に仕える宮人が永遠につづくように、わたくしも、この吉野にいつまでも戻ってきます、というほどのもので、トコロづらのトコが常《トコ》しくの常《トコ》の掛け言葉として使われている。

いま一つは長歌で、

葦屋《アシノヤ》の菟原処女《ウナヒオトメ》の八年児《ヤトセゴ》の　片生《カタオヒ》の時ゆ　振分髪《オバナリ》に　髪たくまでに　竝《ナラ》びゐる　家にも見えず　虚《ウツ》ゆふの　隠《コモ》りてをれば　見てしかと　いぶせむ時の　垣をなす　人の誂《ト》ふ時　血沼壮士《チヌオトコ》菟原壮士《ウナヒオトコ》の　廬屋《フセヤ》焼く　進《スス》し競《キホ》ひ　相結婚《アヒヨバ》ひしける時は　焼大刀《ヤキタチ》の　柄おし撚《ネ》り　白檀弓《シラマユミ》　靫《ユキ》取り負ひて　水に入り　火にも入らむと　立ち向ひ　競ひし時に　吾妹子《アギモコ》が　母に語らく　倭《シ》文《ツ》たまき　賤《イヤ》しき吾がゆえ　ますらをの　争ふ見れば　生けりとも　あふべくあれや　ししくろし　黄泉《ヨミ》に待たむと　隠沼《コモリヌ》の　下延《シタバ》へ置きて　うち嘆き　妹が去《イ》ぬれば　血沼壮士　その夜夢に見　取り続き　追ひ行きければ　後《オク》れたる　菟原壮士い　天仰ぎ　叫びおらび　地に伏し牙喫《キカ》みたけびて　もころ男《オ》に　負けてはあらじと　かき佩《ハキ》の　小剣取《ト》佩き　冬薯蕷葛《トコロツラ》　尋《ト》め行きければ　親族《ヤカラ》どち　い行き集《ツド》ひ　永き代に　標《シロシ》にせむと　遠き代に　語り継がむと　処女墓《オトメヅカ》中に造り置き　壮士墓《オトコヅカ》　こなたかなたに　造りおける　故縁《ユエヨシ》聞きて　知らねども　新喪《ニイモ》のごとも哭泣《ネナ》きつるかも（一八〇九）

おおよその意味は、「葦屋の菟原処女が、小さい子供の時から、振分かみにあげる頃になるまで、近所の人にも会わずに家にとじこもっていると、会いたいものだと大勢の人が言い寄った。

その内で、血沼壮士と菟原壮士とが互にせりあって、ともに求婚するようになった。そして、二人が大刀の柄をひねり、白いまゆみとゆきとを背に負って、水にも火にも入ろうと立ち向かって争った。娘が母に語って言うのには、いやしい私ゆえに二人の男が争うのを見ると、たとえ生きていても、だれとも結婚するわけにはいかない。いっそ、あの世でお待ちしましょう、と嘆きながらこの世を去ってしまった。血沼壮士がその夜、このことを夢にみて、娘のあとを追ってあの世にいった。遅れをとった菟原壮士は天を仰ぎ泣き叫んで、足ずりしたり、歯ぎしりしたりしてくやしがり、あのような男に負けてなるものかと、腰に佩く小剣をもって跡を追って死んでしまった。親類たちが集まって、墓をつくって永久にとむらい、語りつぐようにと、処女塚を中心に、男たちの墓をその左右に造った。この因縁を聞いて、この事件のあった時代のことは知らないけれど、同情のあまり新しい喪のように悲しく思われる」（小学館）。

この長歌の中ではトコロは尋《ト》め行くという言葉にかけて用いられている。長いトコロの蔓をたどって根のある場所を探しあてるように、娘の後をさがし追っていったという意味である。このように、『万葉集』のなかではトコロはかけ言葉として用いられているのみで、『拾遺和歌集』のなかの歌のように掘り取っている情景を、直接詠んだものではない。しかし、詩歌の世界に、かけ言葉として用いられるほど昇華しているのは、トコロが人々の生活にきわめて身近なものであったことを示すものではないだろうか。

記録文学の世界

和銅五年（七一二年）に出た『古事記』に、倭建命《ヤマトタケルノミコト》が東征の帰り、伊勢の

野煩野《ノボノ》（三重県鈴鹿郡）で亡くなった時、后《キサキ》や御子《ミコ》たちが集ってきて御陵をつくり、命をしのんで哭いた時に詠んだ歌として、

那豆岐能多能《ナツキノタノ》　伊奈賀良爾《イナガラニ》　伊奈賀良爾《イナガラニ》　波比母登富呂布《ハヒモトフロフ》　登許呂豆良《トコロツラ》

（なづきの田の　稲幹《イナガラ》に　稲幹に　匍ひ廻ろふ　野呂蔓《トコロヅラ》）

というのがのっている。なづき田というのは野煩野の周囲の田のこと。トコロづらのづらは蔓のことである。この歌の意味は、なづき田の稲幹に匍い廻っているトコロのように、私たちも悲しみのためにお墓のまわりを泣いて匍い廻っています、というような意味である。

また、『古事記』と同じ頃成立したわが国人文地理書の元祖ともいうべき『出雲風土記』（和銅六年、七一三年）には出雲郡に産する植物として次のようなものを挙げている。

凡て、諸《モロモロ》の山野《ヤマノ》に在《ア》るところの草木は、萆薢《トコロ》・百部根《ホトヅラ》・女委《エミクサ》・夜干《カラスアフギ》・商陸《イオスギ》・独活《ツチタラ》・葛根《クズノネ》・薇《ワラビ》・藤《フジ》・李《スモモ》・蜀椒《ナルハジカミ》・楡《ニレ》・赤桐《アカギリ》・白桐《アオギリ》・椎《シヒ》・椿《ツバキ》・松・柏《カヘ》なり。

これらは、いずれも当時の有用植物に属するもので、トコロもその一つであったことを示している。なお、トコロの記載は、この出雲郡のほかに、嶋根郡・飯石郡・大原郡の項にも見えている。

以上、奈良、平安時代を通じて、トコロが人々の生活の中でどのような位置を占めていたかを、わずかに残されている記録・詩歌・文学の世界から拾い出してみたが、意外とその重みの大きさに驚ろかされる。自然への依存度の大きさと、トコロの日常性がトコロをして風土記に残させ、

詩歌・文学の世界に昇華させていったさまがよくうつし出されている。

(5) 狩猟採取時代

彌生・縄文時代に匹敵するアイヌの人々の食生活

彌生文化（紀元前三〇〇～三〇〇年）が導入され、稲作がはじまる前に長い縄文時代（紀元前八〇〇〇～紀元前三〇〇年）がはるかにつづいている。農耕の未発達な時代では、多くの山菜、野草に依存していたことは当然である。縄文時代の貝塚や出土品と共に出土するクルミ・カヤ・カシの実などだけが食糧として利用されていたのではない。これらは単に腐りにくいために出土するのであって、腐りやすい植物の茎葉や塊根も広く利用されていたのである。その生きた証拠が、江戸時代になってもほとんど農耕をもたず、主として狩猟採取を中心にして生活していたアイヌの人々の生活である。それはまさに彌生・縄文時代をそのまま再現している姿であるように思われる。

幕末の探検家松浦武四郎（一八一八～一八八八年）は安政年間、幕府の命をうけて蝦夷地を数度にわたって探検し、『石狩日誌』（安政四年、一八五七年）や『十勝日誌』（安政五年、一八五八年）などを書いた中でアイヌの人々の食生活について、数多くの記録を残している。これらの日誌をみると、山菜・野草のアイヌの人々の食生活に占める位置を充分知ることができるので、その一、二を紹介してみよう。『天塩日誌』（安政四年、一八五七年）の一節に、

「沼有て芰実《ベカンベ》（ヒシの実）多き由也。是土人の糧食にして、此沼大きかりし時は人家此辺に多く

有りしと。今沼埋れ芰実も絶《タエ》し故人家も絶たりと。」

とあり、ペカンペの採取できる量の多少が人家の多少と真接係わっていたことを示している。ペカンペが主食的位置を占めていたことは『石狩日誌』の次のような記事からもよくわかる。

「ルビヤンケの家に着す、先丙午《サキノヒノエウマ》の年より一面の識有、去夏《コゾノナツ》再会し此度《コノタビ》此家へ着する故に大に悦び鹿肉《ユク》・鮮魚等を以て饗《モテナ》し、翌朝芰実一升を我に餞《ハナムケ》す。」

芰実一升を旅の食糧にと餞けにもらっている。

食糧として利用されていた山菜・野草で日誌に見えているものを拾い出してみると、カウホネ・ギョウジャニンニク・一輪草・オニノヤガラ・ウバユリ・エゾエンゴサク・黒ユリ・ヒメシャクナゲ・ハナウド・ヘビノタイマツ・ヤマコンニャク・カラハナソウ・イケマ・フキノトウ・ハラギ・キバナノアマナ・イタドリ・ハタザオ・スイバなど実に多種にわたっている。これらがどのように利用されていたかを『久摺日誌』（安政五年、一八五八年）から見てみよう（久摺は釧路のこと）。

「其妻我に黒百合・赤沼蘭《ハララギ》（チドリソウ）・山慈胡（キバナノアマナ）等を以て団子を拵《コシラ》へ出す。惣て当所山中に是等の草根を半食《ハンジキ》に當る由なり。」

また、『石狩日誌』には、

「妻ハ余に各葱《キト》（ギョウジャニンニク）、一輪草と干鮭を入、熊の油にて煮て出す。家の傍に狸豆・眉豆《インゲン》・粟・糯米・稗等を作る。是等黒屑《メノコ》の業なりとかや。彼等未だ鍬を不持、また運上屋《ウンジョウヤ》（幕府の役所）よりも彼方へ農業を教るを禁め有が故に、決して渡さざることかや。依て鉞《マサカリ》に横に柄を附用ゆ、」

幕府は政策上、アイヌの人々に農業を教えることにきわめて消極的であったことも手伝って、魚・獣・山菜など、食物の大部分を自然採取に依存していたのである。それだけに生活は大変きびしかった。

「其間屋《イエ》の傍に藜《アカザ》多かりしが今日は一葉も無故これを問ふに此間――食べられることを武四郎より教えられた――より皆摘て喰《クラエ》せし。」

どこか優雅でのんびりした万葉の世界の摘草とは天地の差がある。トコロを食糧にしていた記事は日誌の中にはみあたらないが、知里眞志保博士の『分類アイヌ語辞典・植物篇』（昭和二十八年）によると、一部の地方で、同属のウチワドコロを「根を煮て、煮えたら布袋に灰を入れたものを入れ、またひとしきり煮て、それから何回も水をとりかへて洗い、二三日乾してから食う」とあって、利用していたにすぎない。ウチワドコロのアイヌ語が「トコロ」であるところをみると、恐らく和名の伝わったもので、アイヌの人々には、本来トコロを利用する習慣がなかったのかもしれない。

(6)　む す び

山菜・野草がどのような形で人々に受け入れられ、時代に迎えられていたかを、現代の甘糟さんのオニドコロに対する取り組み方からはじめて、しだいに時代をさかのぼって記述したが、これらを通じてハッキリ言えることは、山菜への接し方はまさに、それぞれの人の鏡であると同時に時代の万華鏡だということである。オニドコロに対する甘糟さんの態度は、繁栄と共存している退屈から逃れるための冒険と、失った自然への回帰心が織りなすほほえましいドラマであるのに対して、江戸時代後期の大蔵永常のそれは、農業技術の未成熟を縦糸に、閉鎖的な幕藩体制を横糸としてつくりだされた飢饉に対する生存のための自己防衛策であった。しかし、それでも、まさかの時のための予備的対策にすぎなくなっていた。そこには、もはや、品種を分化させ、栽培をおこなった江戸時代前期の、この植物に対する普遍的なよりかかりはみられなくなっている。しかし、これとても、詩歌・文学の世界にまで昇華させた、奈良・平安の人々との係わりあいとは、そのきびしさにおいて天地の差がみられる。幕末の探検家・松浦武四郎がイキイキと写し出してくれた半狩猟採取時代のアイヌの人々の山菜・野草との係わりと、彌生・縄文時代の人々のそれと非常に近いものがあったと思われるが、それはまさに生きるための生活そのものであった。

山菜や野草とどのような係わりをもつかは、まさに時代の反映であると同時に文化の尺度でもある。

（山本　正）

第 II 部

フキ（キク科）――春一番の山菜蕗の薹

フキほどポピュラーな山菜はほかにない。ちょっと郊外に出れば、畑の縁や道端など、どこにでも生えている。もちろん道端に生えているようなものは固くて食用になりそうもない。フキは湿り気の多い沢地などを好むので、店でみかけるような良質のものを採ろうとすれば、そう簡単でなくなる。大きいのになると、丈は二メートル、葉は一メートル四方になることがある。秋田のアキタブキは大きいのでよく写真やテレビに紹介されるが、これなどは平地ではあるが肥料をたっぷりやって大きくしたものである。

フキは生える所によって形や色がちがうので、やれヤマブキだサワブキだと生えている場所で

フ　キ

名前をわけたり、アカブキ、アオブキと茎の色で区別したりしているが、種類はみな同じアキタブキなのである。

なぜフキというのかということについてはいろいろな説がある。江戸時代中期の儒者で政治家でもあった新井白石（一六五七〜一七二五年）は「フキはフブキの略で、フブキとは茎を折った時繊維が糸のように出てくることをさす」といっている。その糸の出てくるのをフブキというのは別な種でもみられ、オニバスをミズフブキ、ゴボウをウマフブキというような例がそれである。

フキノトウ

国語学者の金田一春彦氏は対馬に所用で行った節、ある部落に泊めてもらったが、その時、かわやに新しいフキの葉が前の方に置いてあり、中に使用済のフキの葉が捨ててあったのをみて、フキは「拭き」からきているといっている。これが本当かどうかはわからないが、トイレットペーパーの代わりというのはいかにも戦前の貧しい農村生活の一面をしのばせる情景である。

フキといえば食用にしている葉柄部分もさることながら、雪が消えるとすぐ薄黄色の姿をみせてくれるフキノトウをだれでも思いうかべる。フキは雌雄異株の植物なのでフキノトウにも雌雄の別がある。雌の方は花が終ると茎が高く伸びて、いわゆる「トウが立つ」状態になって、白い綿毛のある種子が風で飛ばされて散るようになる。雄の方は余り高くは立たずに用がすむとそのままましぼんでしまう。

アイヌの人々は、フキノトウについて雄雌逆の見方をしていた。高く伸びて威勢のよい方が雄、しぼんでしまう方を雌に見立てていた。また、千歳地方のアイヌの人たちは、フキの葉柄を男に、フキノトウを女に見立てていたという。アイヌの人が魔除けに使ったアイヌネギは或る種の殺菌作用をもつアリシンという物質が科学的に証明されたが、このようなアイヌ特有の直観の冴えはフキに関してはあてはまらなかったといえる。

雄のフキと雌のフキではどちらが多く栽培されているかというと雌のほうである。ある調査によるとフキの栽培の盛んな愛知県下の例では百％、秋田市の仁井田では六九％が雌株であった。しかし、収量的には雌雄の差はないようである。

フキには遺伝をつかさどる染色体の基本数（二十九個）の二倍のものと三倍のものがあって、それぞれ二倍体、三倍体と呼ばれている。北海道のフキは二倍体ばかりで三倍体はみられない。栽培されているフキは三倍体が多いようで、三倍体は種子ができないが、葉柄が太くて長いという特徴がある。

いずれにしても、フキノトウは春の使者である。融雪後一週間もたたないうちに地面に顔を出す。これは前年の根雪前にもう相当大きくなっているからである。

ツクシ（トクサ科）――つくつく法師

スギナとツクシの関係は、ゼンマイの葉に食べられるのと食べられないのがあるのと同じようなもので、ゼンマイと逆に胞子のつく方（ゼンマイの実葉にあたる）が食べられる部分である。正確に言えば食用部はゼンマイが葉柄であるのに対し、ツクシは茎の部分である。一つの個体の中で、役割がちがうから異なる形をしているのだ、ということは江戸時代にもよく理解されていて、貝原益軒の『大和本草』には次のように説明してある。

「土筆《ツクくシ》　土筆ハ国俗ノ所レ名也春初ヨリ其花先ツ生ス茎立テ苗ノ生スルカ如シ苗ニ非ス其鋒如二筆形一ノ是其花ナリ節々有レ皮而包レム之俗ニハカマト云花茎ヲ煮食ス味美《ヨシ》無レ毒花ハ茎トモニ早ク枯レ苗ハ後ニ生ス杉菜ト云葉如レ杉ノ馬好ンテ食フ……」

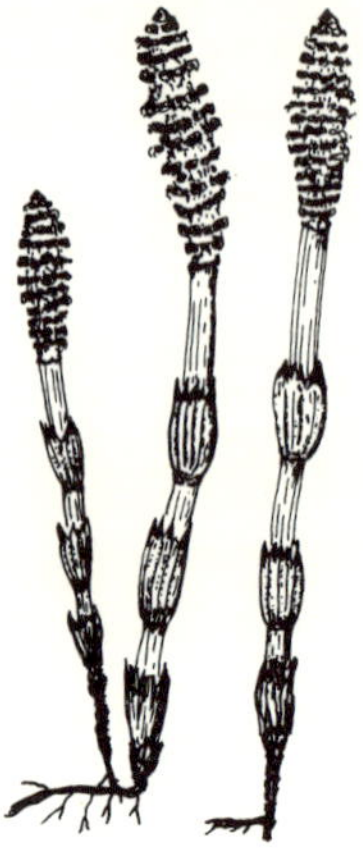

まだ種子植物と羊歯植物が正確に区別されていない時代だったから、花と葉に見立てたのは不当ではない。

スギナはトクサの仲間で、この一族は茎に多量のケイ酸を含んでいて硬い。トクサの茎は干して物をみがくのに使われるほどである。わが国にある物は、皆胞子を硬い茎の上部につけるのだが、スギナだけはやや軟らかくて水気の多い別の茎を出して（つまりツクシ）そこだけに胞子をつける。トクサ一族にとってはちょっとした油断で、こんな身内が生じたのだろうが、そこにつけ込んで食べ物にしてしまったわれわれの先祖も実に細かい観察力を持っていたものと感心する。

この一族にフサスギナというのがあって、スギナにくらべて非常に細かく枝分かれした美しいものである。わが国にはニセコ山中と北見地方にしか知られていない北海道の誇るべき植物の一つである。これも普通の緑の茎の上に胞子のう穂をつける。

スギナの名は「杉菜」で、全体がスギの木に似ているところからついた、ということになっている。一方ツクシの名はあまり明解な説明を聞かないが、柳田国男は「ツクシは自分の推定では澪標《みおつくし》のツクシであって、突っ立った柱を意味する」としている。「みをつくし」は海や河の浅い所で水路を示すために立てたくいである。今でも田の畦に大豆をまくための穴をあける棒などを「つくし」と呼ぶ地方がある。氏は、ツクシやスギナをその袴の所から切って継ぐ子供の遊びから「ツク」が「ツグ（続グ）」に派生して「ズクズクシ」「ツギツギ」系の方言を生み、一方では日ごとに袴を脱いで頭を出す形から僧侶の俗称である「法師（ホウシ）」を連想して「ホウシ」系の方言を生み、この二つの方言が複合して「ツクシンボ」が生じた、としている。全国のツクシとスギナの方言を集収、整理した上での結論である。実に百四十近い方言名を集めた。

百人一首に「みをつくし」を「身を尽し」にかけて歌った和歌が二つ入っている。

○元良親王（二〇）

わびぬれば今はたおなじ難波なる　みをつくしても逢はむとぞ思ふ

○皇嘉門院別当（八八）

難波江の芦のかりねのひとよゆゑ　みをつくしてや恋ひ渡るべき

この時代になるともう和歌の掛け言葉くらいの意味しか残らず、もちろん「みをつくし」と「ツクシ」の関係も不明になっていたであろう。

知里真志保博士によると、スギナのアイヌ名は「テクシㇷ゚シㇷ゚、オたシㇷ゚シㇷ゚、チかㇵトコサ」等で、ツクシの方は「テくシㇷ゚シペプイケ（幌別）」で、これは「スギナの芽」の意味であるという。また「ツクシ（土筆）をうでて水出ししてから汁の実にした（幌別）。樺太でもそれを焼いて食べたり、百合類の鱗茎と混ぜて煮て食べた（白浦）」と書いている。アイヌの人たちにとってもそんなに重要なものではなかったようだ。

場所によっては群生していて大量に採れる所があるが、袴や胞子のう穂を除かなければならず、カサばる割には能率の上るものではない。要するに適当な暇がないとツクシ摘みはできないし、ツクシ摘みは春の陽を浴びて悠長にやるべきものである。近年の山菜採りのように目を皿にして捜しまわり、根こそぎ採っていく、というイメージには合わない。

スギナのほうは畑の雑草として大変嫌われている。ツクシを真黒にして黒い毛を生やしたような地下茎を伸ばして拡がり、切っても切っても節から芽を出して殖えるやっかいものである。酸性土壌を好むから、化学肥料に頼りきりで土壌が酸性化している畑は絶好の住み家になる。

エゾニワトコ（スイカズラ科）——万能薬用植物

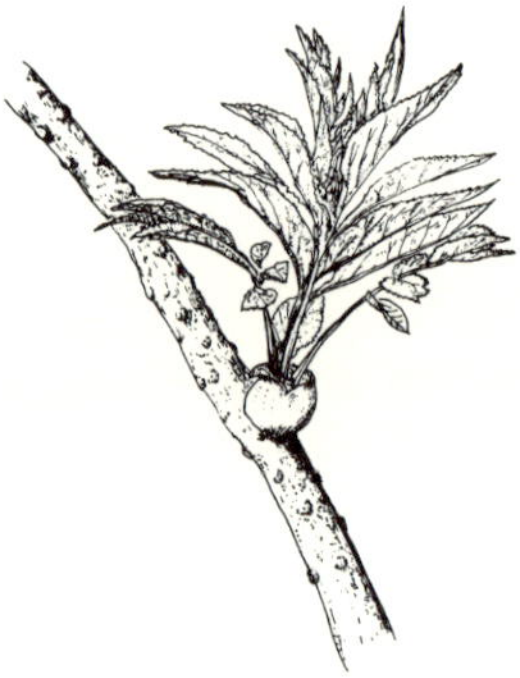

原野や森林のふちに普通に見られる落葉低木で、高さはせいぜい五メートルくらいのもの。「コブノキ」の別名が示すように、樹皮のコルク層が発達してコブ状の突起が目立つ。この柔らかそうな枝をみれば冬でもエゾニワトコを見誤ることはない。

木の芽の中では、ヤナギ類に次いで新芽の早い木で、三月下旬頃、そろそろ日差しが春めいてくると、一つの節に二つずつ黒紫色の苞に包まれた芽がよく目につくようになる。ぎざぎざの縁をもつ若葉がすこし開き出すと、もう中にブロッコリを小さくしたような花のつぼみが見えてくる。ほかの木はまだ固いつぼみのままのが多い。タラノキが木の芽の重鎮四番バッターなら、エゾニワトコはトップバッターだ。後につづく食べられる木の芽は多士済々。舘脇操著『摘草百種』によれば、北海道で食べられる木の芽は三十五科六十五種にのぼる。全国ではなんと四十科九十一種もの木芽が食べられるという(久保田穣著『食用木の芽』)。これらの中にはこんな木の芽が食べられるのかと思うようなものも含まれる。ニワトコも木全体に異臭がしてとても食べられそうな感じはしない。しかし、臭い葉はゆでたら旨味に変るのか、クサギとともにニワトコはうまい木の芽として挙げられる。逆にあまりうまいので、うまいうまいとばかりにたくさん食べて下痢をするくせ者の木の芽でもある。ニワトコの葉には青酸を含む物質があって、ゆでた後の水洗いが十分でないと下痢をする。フランスではニワトコの葉を下剤として使っているほどだから効果は強いのだろう。腹痛や不快感なしに便がゆるむというから便秘気味の人にはかえってよいのかもしれない。話が最初からおしまいの方へいってしまったが、ニワトコの花にはこんな作用はなく、利尿、発汗の効ありという(『北方の生薬』)。樹皮はアイヌ人が脚気の薬として使ったというし、葉を強壮剤とするところもあるようだ。そもそも接骨木という字も骨折の手当てに使ったからで、山菜としてよりは薬用のほうが通りがよい木なのである。

ニワトコの幹の髄は柔らかく、中を割れば長いまま簡単にとり出せる。この髄は、キビガラと同じように細工に使われたり、顕微鏡の薄片を作るのに葉をはさんで一緒に切るのに使われたりする。この木の髄が柔らかくてもろいことをアイヌ人は「死者の骨」ととらえていたようで、墓標や魔よけに使ったということである。

ニワトコの実は、小粒の赤い実が房状にたくさんついていて風情がある。野鳥が好んで食べるので秋にはなくなってしまう。人間には小さすぎて食用にはならないが、果実酒にすると美しい色が楽しめる。よく干して炒った実をドイツではコーヒーの代用とするそうである。

よくアク抜きした若芽は、どんな料理にも合う。特にゴマあえ、ピーナッツあえなどにするとコクのある味がいっそうひきたつ。花蕾はブロッコリのミニチュアみたいなもの。ゆでるとあざやかな緑色になって、サラダの色どりによい。お吸物にパラリとはなすといかにも春ですよという感じになる。

ヨーロッパからトルコ、北アフリカ、シベリア西部まではエルダーベリー（セイヨウニワトコ）という黒い実のなるニワトコが生育している。チェコスロバキアの薬用植物の本にはこのエルダーベリーが紹介されていて、花と実が薬用になるという。この本によれば解熱、発汗作用があり、慢性気管支炎に効果がある。また、偏頭痛や神経痛の鎮痛剤としても使われる。花にレモンを加えたものや、熟した実を発酵させておいしい飲物ができることも紹介されていて、ヨーロッパでも有用な植物として扱われていることがわかる。

エゾノリュウキンカ（キンポウゲ科）――王様のカップ

蝦夷の立金花と書くが、直立した茎に黄金色の花をつける姿につけられたもの。同じ仲間に北海道東部に多い水生植物エンコウソウがある。こちらは斜の茎で、手長猿が肱を伸したようなかっこうをしている。

キンポウゲ科の植物には、猛毒植物のトリカブトをはじめキツネノボタン、オトコゼリのように有毒植物が多いようで、このうち山菜として利用できるものは、ニリンソウとエゾノリュウキンカ、バイカモ、サラシナショウマくらいのものである。しかし、はじめの二つはともに東北、北海道の重要な山菜で、花も味も一級品と評価されている。エゾノリュウキンカのことを北海道ではヤチブキといっている。谷地に生える蕗という意味で葉の形がフキに似ているためにつけられた。しかし、秋田や山形の一部では湿地にはえるキク科のサワオグルマをヤチブキという。エゾノリュウキンカは東北の一部奥羽地方と北海道にしかないから、北海道独特の山菜といってもよいだろう。樺太や中国東北部には分布していて、中国東北部のものは非常に大きな葉を有し、たくさんの大きな花を咲かせるという。エゾノリュウキンカは植物分類学上はエンコウソウの変種であって、エンコウソウのほうは北半球に広く分布している。ヨーロッパではイタリアのアペニン山脈、アルプス、ピレネーあたりの標高二千五百メートル、イギリスでは千百メートルまでの湿地に生えるという。ヨーロッパではエンコウソウを有毒植物であるとしている。放牧家畜は避けて食べないが、乾草に混ざると胃腸障害をおこすと注意される。しかし、日本のものは毒が少ないのか、エンコウソウも変種のエゾノリュウキンカも人間が食べている。英名では、沼地のマリーゴールドとか王様のカップというようにいわれているが、いずれも花の様子からつけたもの。ただし、この花はマリーゴールドのようなキク科の花とはまったくちがい、五〜七枚ある花びらはガク片で、本来の花びらはついてない。

スキーシーズンも終ろうかという頃、麓の雪の切れた川岸などには早くもエゾノリュウキンカが派手な花をつけている。雪が融けたあとの、ちょっとした湿地はこの花の黄金色でうまる。昔、札幌にはたくさんのメム（湧泉）があった。そのまわりには必ず黄色いふちどりがみられたものだった。しかし、今札幌で見られなくなった植物の一つにエゾノリュウキンカを挙げなければならない状態にある。都市化が進み、地下水位が下がり、メムや小川が消え、川がドブ化するにつれて、清流を好むエゾノリュウキンカは滅びた。たまたま生残っていても、美しい花が仇となって根こそぎ抜き取られることが多い。湿地に生えているこの草は、茎をひっぱれば根ごととれてしまう。きれいな水が流れているような所でなければ生育できないから、庭や鉢に植えてもだめ。札幌近郊では、山菜として葉や茎を摘むだけでも遠慮したほうがよい。環境の変化には最も弱い草だけに、都会のまわりにエゾノリュウキンカが生えているような所があったら大事にしてやりたい。

谷地蕗を剪れば水噴く涙めき　（阿部百合子）

エゾエンゴサク（ケシ科）――美しい花

何となくややこしい名前だが、漢字をあてると「蝦夷延胡索」で、エゾ地に生える延胡索という意味である。延胡索はこの仲間を総称して呼ぶときの名前である。エゾが頭につく植物は非常に多く、『牧野新日本植物図鑑』によると七十一種にものぼる。

エゾエンゴサクは、春先明るい広葉樹の林や湿った野原に生えるケシ科の多年生草本でニリンソウなどと同様に、群生することがある。ごく小形の植物で、高さ二十センチメートル前後、花はキンギョソウや高山植物のコマクサによく似ている。花の基本色は明るい空色である。花が清楚で美しいので、最近は花屋などにも鉢植えとして売られている。庭の隅にでも植えておくと毎

年春に花を楽しむことができる。

こんな美しい花をつける植物を、茎葉はもちろん、花まで食べるのは気がひけるが、へんなクセがないのでおいしい。樺太では、蔬菜代用として大いに利用されていたと舘脇操先生がものの本に書かれている。

地上部ばかりでなく地下の塊茎も食べられる。アイヌの人々はこれをトマと呼んで、茹でて干したものを貯蔵しておいて、必要に応じて湯で戻し、アザラシの油などで調理して食料とした。すこし苦味があるので、数回ゆでてから干したものだろう。幕末の探検家松浦武四郎も釧路・阿寒を廻った時、このトマをかゆにして食べたことを日誌に書いている。また同時に非常に細かい観察で、延胡索には竹葉、牡丹葉、丸葉、細葉、針葉、烏頭葉、それに白花、黄花があると変異の幅を記録している。ただし、「黄花」のエゾエンゴサクが本当にあるかどうかは疑問である。

本道では平地に普通みられるエゾエンゴサクも、本州では少なく、高い山に登らないと見ることができないので、高山植物の写真集などにも、しばしば収録されている。〝高嶺の花〟を山菜として食べることができるのも、長い半年の厳しい冬を耐えた人々への春のプレゼントかもしれない。長く大事にしたい草だけに、塊茎を食べるのはやめよう。

六、七月、夏も盛りだというのに、豆の莢を小さくしたような実を結んで、地上部は枯れる。そしてそのまま翌年の春まで休眠に入る。それはニリンソウなどと同じ生活様式である。

摘み草や　エゾエンゴサク　子に持たせ　（新田汀女）

摘み籠にほかの山草と一緒に入れるのはおしくなるほど美しいので、エゾエンゴサクだけ別に子供に持たせたという意味の句である。美しいエゾエンゴサクを連想させる句である。

ユキザサ（ユリ科）——おひたしの逸品

湿った広葉樹林の中や川岸の湿地に群をなして生えている。多肉質の地下茎を縦横にひろげて春割合早くに芽を出す。

北海道では「アマナ」とか「アズキナ」ともいわれるが、アマナは同じユリ科で芝生にまじって早春に黄色い花を咲かせるキバナノアマナの類の方の本名。ともにアクがなく甘みがあるので簡単に甘菜といったものだろう。アズキナの由来はユキザサの実がアズキ大の赤い実になるからという説もあるようだが、ユキザサの実は液果でアズキ粒と結びつけるのは無理。これはユキザサの若芽をゆでたときのかおりがアズキをゆでているときの匂いにそっくりなのでつけた名前に

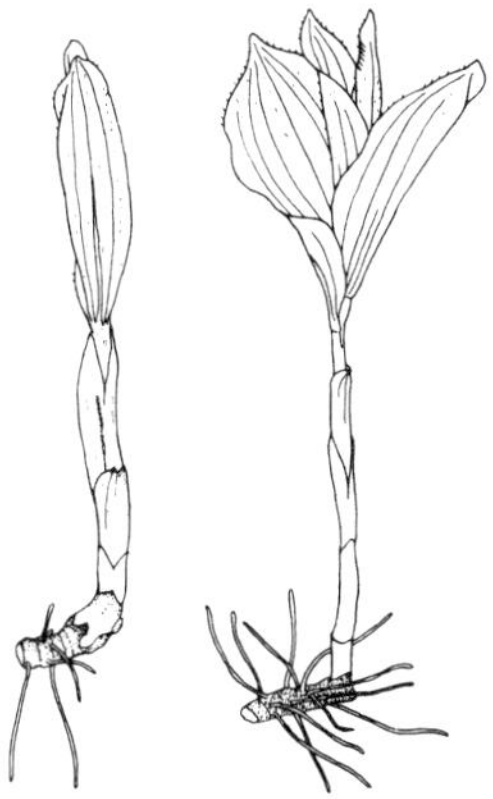

ちがいない。この匂いをかいだ人は、なるほどアズキナだと感心をする。胡瓜の匂いがする魚にキュウリと名付けたようなもので、匂い起原説のほうがもっとものようだ。ユキザサは、大きくなった葉の葉脈の感じがササのようであるのと、花の咲いている様子がこまかい雪をつけているようだということからついた名前で、ユキヤナギと同様にきわめて描写的。これも一度花の咲いているのを見れば、なるほどとうなずける。

ユキザサは、日本全土に分布するが、南のほうでは千五百メートルくらいの亜高山帯でオオシラビソなどといっしょに出る草。山菜として簡単にとれるのは東北・北海道の話で、本州では山登りの連中がキャンプのごちそうとして語りつがれてきただけのもので、いわば「高嶺の山菜」。

世界的には、ユキザサ類は極東と北アメリカに分布するだけなので西洋人には珍しい草である。明治初年に北海道開拓のために東京に設置された開拓使官園では、外国の果樹や蔬菜類を導入して試作しているが、同時に日本産の山草・花木の類が集められて栽培されていた。渋谷の第一官園の目録の中に「雪笹草」の名があるので、珍しい山草の一つとして植えられていたことがわかる。余談になるが、この官園には今から考えれば北海道開拓には関係がないサボテンだとか花百合だとかの園芸種がたくさん集められていた。官園の管理を任されていた御雇外国人技師のルイス・バーマーという人は、官園をやめたあと横浜でユリの根をはじめとする日本の園芸植物を欧米に輸出する園芸会社をはじめている。勘ぐれば官園勤務時代から官費で珍しい種を集めておいて自分の商売に使おうという魂胆ではなかったのか。

ユキザサは春早くにエンピツくらいの太さの芽を出す。まだ葉をかたく巻いたままの芽はピョンといって珍重される。春を待ちかねた北国の人々が明るい林の中にピョンピョンと出ているユキザサの芽をピョンと呼ぶのは直接的でよい。しかし、この時期にはよほど慣れている人でないと、同じような所に生えていて、同じように葉が巻いた芽を出すワニグチソウ、チゴユリなどと間違えることがある。これらは毒ではないが苦くて食べられない。心配ならばかんでみればよい。ユキザサには細かい毛があるし、芽を割ってみればもう頂部に緑色の蕾があるので見分けられる。ユキザサはかなり大きくなってもやわらかいので食べられるから、特徴ある葉や蕾がひらいてから採るのもよい。

この山菜は、あまり菜っ葉を食べないアイヌの人たちも「菜」として使っていた。ユキザサの葉を「ペペロ・ラ」といって、ゆでたものを乾燥させて冬にそなえたという。

料理法はアクがないので至極簡単、ホウレン草と同じ扱いでよい。汁の実などに少量ならばそのままきざんで入れられる。おひたしにした味の良さは栽培された蔬菜類にはない逸品。しかし、大量に食べると便がゆるむという人もいるので食べすぎないように。

ハコベ（ナデシコ科）――歯槽膿漏の特効薬

ハコベはあまりにも身近なところ、どこにでも生えているうえ、小鳥の餌として愛用されているので、食用野草としてはあまりパッとしないが、これでもれっきとした春の七草の一つである。

昔はもちろん広く食用として使われていた。江戸時代の初期、今から三百五十年ほど前に出た料理物語に「はこべじる」として「はこべを、きりもみあらひ、三月大根などくはへ入、置も味噌にて仕立候」とあるところをみると汁の実として重宝がられていたものとみえる。

ハコベは野草としてはもちろん、薬用植物としても重宝されていた。江戸時代、ハコベを干して炒りつけ、塩を加えて粉末にしたものを「はこべじお」といい、今日の歯磨粉のようにして用

いていた。さしずめ、葉緑素入り歯磨粉ということになる。この歯磨粉は、歯槽膿漏に有効といわれているが、これはハコベのなかの化膿菌の繁殖を抑える成分によるものと思われる。

昭和の始め、ロンドン軍縮会議に出発する若槻礼次郎が盲腸炎になったが、ハコベの汁を飲んでよくなったという話はあまりにも有名である。

茎葉のジュースを一日盃に一杯飲むと健胃、整腸作用があるといわれている。身近に多量に採集できる場合もあるので、試してみてはいかがだろうか。

植物学的にはナデシコ科に属しているが、ハコベと通常いわれているものには、ウシハコベが含まれている。ウシハコベは全体に大型でメシベが五本あるのでハコベの三本とは区別がつくが、利用面からみた場合、一緒に考えて何ら差支えない。

ハコベは別名ハコベラまたはアサシラグと東北や北陸地方で呼ばれている。アサシラグとは変な名前だが、ハコベの花が「朝開く」のでこれがなまったもの。漢名は繁縷である。縷《る》は糸のことで、茎をつまんで切ると長い維管束の糸がとれる。糸のある良く繁殖する草ということから付けられた名であることがわかる。

では和名のハコベの語源はなんだろうか。一説には「ハビコリメムラ」すなわち「蔓延芽叢」、からきたとも、「ハコメラ」すなわち「葉細群」からきたともいう。前者はよくのびて芽がたくさんあるものとの意味だし、後者は細かい葉がいっぱい群がって生えているという意味で、ともにハコベの特性を良く示している。

あまり見栄えのする草でもないが、身近な草だけに詩歌によく詠まれている。中でも島崎藤村の詩は有名である。

小諸なる　古城のほとり
雲白く　遊子悲しむ
緑なす　繁蔞（はこべ）は萌えず
若草は　藉くによしなし……

カタクリ（ユリ科）――乙女のはじらい

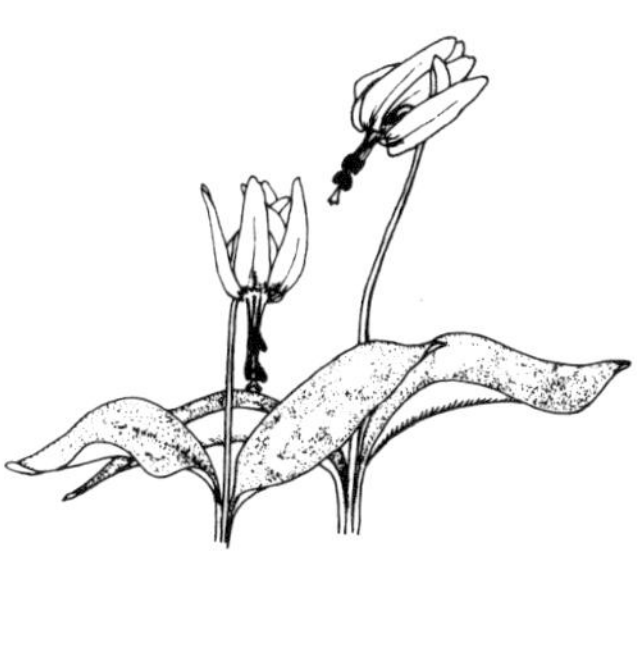

松浦武四郎は幕末にロシアの南下を憂えて蝦夷地に渡り、それまでの探検家が海岸沿いに歩いたのに反して内陸や山岳地帯を歩きまわり、アイヌの人々と生活を共にしながら地図や膨大な記録を残した人で、「北海道」の名付け親でもある。この武四郎の数多くの著作の中に『蝦夷漫画』という彩色のものがあってアイヌの生活を描き出している。この中にアイヌの食用植物として「延胡索、黒百合、山慈姑、車百合、菱実」の五種が描かれている。

山慈姑には、「フレイフイケ　かたくり」のルビがあって「此根を取てつき、水干をして粉となし喰料に用ゆ。和言あまなと云」と解説している。他の四種（エゾエンゴサク、クロユリ、クルマユリ、ヒシ）の絵はなかなか良く描けていると思うが、このカタクリの絵だけはお世辞にも実物に似ているとは言いがたい。一度見たら忘れられないカタクリの幅広い葉も、下向きに咲く紫色の花も、この絵からは想像できないから、武四郎は何かの手違いで別の植物の絵をカタクリに代用した、としか考えられない。また、彼が『久摺日誌』に「黄花の山慈胡《カタクリ》」と書き残したものも、カタクリではなくキバナノアマナと考えられるので、武四郎は「アマナ＝カタクリ」と思い込んでいたのかもしれない。中国の本草書で伝えられた「山慈姑」という名の薬草は江戸時代の本草学者によってアマナともカタクリとも考えられていたから。

　カタクリは古来カタクリ粉の名があるくらい優秀な澱粉が採れ、山菜、かてものとしても知られていた。それに加えて早春の明るい林床に群がってゆれる紫色の美花は大変目立つから乱獲され、本州方面では大変に減ってきている。園芸店にも並ぶようになり、大体一球百円ほどの値になっている。東京あたりでは、わずかに残されたカタクリの群生地を守る住民の会までできている。北海道ではまだ各地に大群生地が残っていて、札幌近郊でもゴールデンウイークの後半に、ちょっとした山に行くと雪融けの林床にあの可愛い花を見ることができる。根が深くて十センチや二十センチ掘っても鱗茎まで届くことは少ないから、掘り取ろう等と思わないでゆっくり観察してみよう。まず、葉の表面には淡い紋があって株ごとにみなちがうし、中には紋のないものもある。花のつく株は皆二枚（時には三枚の変りものもある）の葉をつけ、一枚の葉しかない株には

郵便はがき

料金受取人払郵便

札幌支店
承　認

1024

差出有効期間
H22年8月10日
まで

0 6 0 - 8 7 8 8

札幌市北区北九条西八丁目
北海道大学構内

北海道大学出版会 行

ご氏名（ふりがな）		年齢　歳	男・女
ご住所	〒		
ご職業	①会社員　②公務員　③教職員　④農林漁業 ⑤自営業　⑥自由業　⑦学生　⑧主婦　⑨無職 ⑩学校・団体・図書館施設　⑪その他（　　　）		
お買上書店名	市・町　書店		
ご購読新聞・雑誌名			

書　名

本書についてのご感想・ご意見

今後の企画についてのご意見

ご購入の動機

1書店でみて　　2新刊案内をみて　　3友人知人の紹介
4書評を読んで　　5新聞広告をみて　　6DMをみて
7ホームページをみて　　8その他（　　　　　　）

値段・装幀について

A　値　段（安　い　　普　通　　高　い）
B　装　幀（良　い　　普　通　　良くない）

花がつかない。六枚の弁は咲くに従って上方に反り返り、弁のつけ根にはW字型の濃紫色の紋がある。よく見ると株によって花色に濃淡があり、よっぽど運が良ければ純白の花も見つかる。この白花は植物愛好家のニュースになるくらい珍しいものだ。花弁がなくなってガクだけで弁が三枚に見えるもの、弁の広いもの狭いもの、と多様である。親株の周辺をよく探すと、小人の耳かきのような小さな小さな一枚の葉を見つけることができる。親のような立派な紋こそないが、前年の種子から生えたカタクリの一年生で、この時の鱗茎は地中数センチ以内にある。これから毎年身体を大きくしながら、鱗茎を地中深く引き込んで行き、花の咲く頃には人手の届かない所まで逃げるわけだ。カタクリの群生地で春の陽を浴びながら彼等の生態を観察しよう。

万葉集に収められた大伴家持の歌の「堅香子」がカタクリの古名ということになっている。普通はこれを「カタカゴ」と読んで、花の様子が「傾《カタ》いた篭《カゴ》」に似ているから、といわれ、二つ目の「カ」が落ちて「ユリ」が加わり「カタコユリ」となって、さらにつまって「カタクリ」になった、と説明されている。

このカタクリ語源説の真偽は明らかではないが、現在この他に「カタクリ」の名が通用するのは、ウバユリ（和歌山、山口、愛媛県の一部）とクズ（山口県の一部）で、もちろん方言名である。いずれも地下部から良質の澱粉が採れることだけに共通点がある。また、よく似た発音で「ハックリ」と呼ぶ植物がある。北海道には普通に見られるサイハイランの方言名で、地下に栗の実くらいの白いバルブがある。澱粉が採れないことはないが、普通は煮食したり薬用にする。「食べると歯《ハ》にねばり着《ツク》く」とか「八九里《ハックリ》」とか言われるが、平安時代に中国から本草書が伝わった時に「貝母《バイモ》」という植物に「ハハクリ」の訓をつけたことによるとするくらい古い名前である。この「ハハクリ」が本当は何であったのかわからないが、サイハイランの方言名として残っていると考えてよかろう。愛好者の多い日本シュンランにも「ホクロ」の別名があり、「花の紫色の点を黒子に見立てた」と言われるが、これも「ハックリ」のなまりだと思う。

この、澱粉がとれること、ハックリという似た名前のあることの二点がカタクリという名を考える上で大切なことだと思う。

何年か前の春、某造園の園芸市をひやかしに行った。刈り込んだヤマツツジの根元にカタクリがかなり咲いていていた。山の畑かどこかでカタクリの鱗茎ごと掘り上げて、某造園の用地に移植したものらしい。さっそく係の人を見つけてカタクリを掘らせて欲しい、ツツジは傷つけないから、と頼んだら、その人は相当に驚いた様子で、とにかくスコップだけ貸してくれた。イザ掘ってみると柔いカタクリの芽は曲りくねったツツジの根の間に入り込んで誠に掘りにくい。失敗を重ねながら、人目を気にしながら十株ほど抜いたが、その結果ツツジの方もかなり痛んだはずだ。シャベルを返し、五百円を押しつけて造園会場を後にした。この様子を見ていた老夫婦等にねだられたりして結局五株だけが手許に残った。毎春花を楽しみにしているのだが、なかなか思うようには咲いてくれない。

ニリンソウ（キンポウゲ科）――ふくべら

正月に縁起ものとして使われる千両は、センリョウ科の植物であるが、この科の仲間に花穂が一本のヒトリシズカと二本以上のフタリシズカという植物がある。ニリンソウも同じ筆法で付けられた名前である。花が一つ咲くのがイチリンソウ、二つ咲くのがニリンソウ、三つ咲くのがサンリンソウである。このうち春の摘草になるのはニリンソウだけで、他のは食べられない。

全道各地の林野に普通みられるが、針葉樹林や高いところにはない。広葉樹林になっているところに好んで生える。この植物は林床の明るい早春に芽を出し、木の葉が繁って林床が暗くなる七月頃には、まだ夏だというのに枯れて休眠する面白い植物で、このような生活様式をとるもの

エゾトリカブト

は、このニリンソウのほかにカタクリやエゾエンゴサク、ナニワズなどがある。

　葉の間から、通常二つの白い花を咲かせる。ニリンソウの若い葉は、有毒植物のトリカブトの葉に似ているので注意が必要だ。一般の人にトリカブトの方がニリンソウより「粗大で光沢があり、葉裏が光っているものが多い」といわれても区別のつくものではない。ニリンソウは食いたし、トリカブトはこわしで、ついおっくうになる。しかし、よくしたものでニリンソウは春早く花が咲くので、ニリンソウに習熟するまでは、白い花をみてから食べることである。トリカブトは秋に茎が伸びて青紫色の花をつけるので、花をみわければ間違いはない。

　では、イチリンソウとはどうやって区別するかということになる。ニリンソウが必ず二輪しか花を咲かせないならこれが区別の物指しになるが、いつも二輪とは限らないから困ったものだ。時には一輪のこともあるし、三輪のこともあり、多い時には七輪も咲くことがある。そういってもニリンソウは二輪の場合が多いので一応の目安になるが、一番良いのは葉のつきかたでみる。花のすぐ下の葉が茎に直接ついているのがニリンソウで、イチリンソウの葉は茎から葉柄が出てその先に葉がつく。ここでは「葉」と言ったが植物学的にみれば「苞」である。

ニリンソウは各地で広く利用されているので、いろいろな呼び名がある。フクベラ、コモチバナ、ソバババナなど多数あるが、北海道ではフクベラが一般的である。

多年生草本で草丈は低く十五～二十センチ、葉は普通三～五裂している。ニリンソウのもう一つの別名にガショウソウというのがあるが、牧野富太郎博士によると鵝掌草のことで、葉の形がガチョウの足の形に似ているところから付けられたということである。花弁（本当は萼片の大きくなったもの）は普通五枚である。

質が軟らかく、よくゆでて水さらしをし、ひたし物、あえものなどにするとよい。群生するのでたくさん採れた時は、茹がいて干して貯蔵できるが、野の草はむさぼり食うものではなく、楽しみ程度にしておきたいものである。

ギョウジャニンニク（ユリ科）——強い殺菌作用

ギョウジャニンニクというよりアイヌネギといったほうが通りのよい植物である。道内各地の林内や湿った草原、川岸など、比較的湿った土地に群生するユリ科の多年生草本で、ネギやニラ、アサツキなどと同じ仲間である。

春早く、コブシの花が咲く頃、地下の鱗茎からスズランそっくりの肉厚の葉を出し、六〜七月頃、葉の間から茎が一本出て、ネギ坊主のような形の白い花が咲く。しかし、何よりの特徴は強烈なニンニク臭にあるので、この草を折って臭いをかいでみればすぐわかる。

アイヌの人たちは、病気の神様もこの臭いに閉口して寄りつかないだろうということで戸口に

つるした。ちょうどニンニクと同じ扱いであって、昔札幌の市内でもニンニクを二、三本束ねて戸口につるしている家をみたことがある。これはヨーロッパでも同じで、ニンニクを吸血鬼よけに使う。洋の東西でも非常に似ている呪術的行為ということができる。人種がちがっても、住む場所がちがっても、人間の考えることは同じだという感じがする。

人によってはアイヌネギは悪臭というが、別の人には唾液の出るほどうまそうな匂いともいわれる。この臭いのもととなる物質はニンニクやニラと同じアリシンという硫黄化合物で、戸口につるして効くかどうかは別として、いろいろな病原菌に対する殺菌作用を持っている。

このような強い殺菌作用を持つギョウジャニンニクも、植物自体の繁殖力はあまり強くない。学者の研究によると、この植物は種子から芽が出て、それからの六年間は毎年一枚しか葉が出ない。八百屋に出ているように二枚の葉を持つようになるのには七〜八年かかり、花の咲くのには十年くらいかかる生長の非常に遅い植物である。それにニンニクのように鱗茎がたくさんに分れて殖えるということもないので、採るのもほどほどにしないと、そのうちに幻の植物になるかもしれない。実際、生えている処を秘密にしている人もいるくらい札幌近郊では数が減ってきている。

ギョウジャニンニクという名前は、行者が山中での修行時にこれを食べたというところからつけられたといわれるが、今では都会人のスタミナ食になっている。

京都の大原で食べた山菜料理では、ギョウジャニンニクをゆでてタマリ漬けにしたものが小鉢の底に二本ならべてあった。北海道のものは直径が一センチもあるもので、ナマで味噌をつけてかじるとか、ジンギスカンナベで、羊肉といっしょにあぶって食べるというようにはるかに野性的である。

ヨブスマソウ（キク科）――茎を食べる棒菜

ヨブスマソウは北国を代表する背高ノッポの野草の一つである。沢沿いの湿地などでよく伸びたものは楽に二メートルを越え、しかも枝分れをしない。本道ではエゾニュウ、オオイタドリと並ぶ大きな草である。

故牧野博士はケシ科のタケニグサを指して「野草の大関だ」と言われたが、ヨブスマソウだって楽に野草の大関ぐらい張れるだろう。この植物の属しているキク科植物を見渡しても、これだけの高さになるものはそうない。セイタカアワダチソウも北海道で育つものはそんなに高くならない。

ヨブスマソウは「夜衾草」で、大きな三角形の葉が夜具に似ているからとか、「矢ぶすま」で春

先に太い芽が並んで立ったところを矢がささっていると見たから等の語源が考えられている。また、ヨブスマはムササビの方言名で葉の形がこの空飛ぶ哺乳類が膜を広げた形に似ているからだともいわれる。この仲間にはコウモリソウ、カニコウモリ等葉の形から連想した動物名のついたものが多いから、案外ムササビ説が当っているのかもしれない。

山菜の方面では「ボウナ」と呼ぶのが普通で、「ホンナ、ボンナ」ともいわれる。若芽の時は葉が裏側に巻いて上を向いて茎にぴったりついているから、まるで棒を立てたように見える。利用する時も葉を落して茎の部分だけにするから、まさに「棒菜」である。茎は若いうちはやや紫色を帯びていて、断面は中空でフキの葉柄にくらべると肉はずっとうすい。キク科の植物に特有な香りがあって野菜のシュンギクに一番近い香りである。北大の栃内吉彦先生は「山草を喰ふ」と題した昭和九年六月の講演の中で「……ボウナと言はれるヨブスマソウ――これは実におつなもので、ゆでてよく灰汁《あく》を出して一杯やりますと誠によい。伊藤（誠哉）先生も御賛成のことと思ひます」と述べておられる。北大を代表する二人の学者がヨブスマソウを肴に一杯やったことがあったのだろう。

アイヌの人々は若い茎を食用にもしたが、枝分れのない中空の茎はもっぱら子供たちの水遊びに使われた。知里真志保博士が記録した遊びには次のようなものがある。①筒の中にたっぷり水を吸いこんでから勢よく宙に振りまわす。すると内部の水が弧を描いて飛ぶ。②太い方の一端を水中に入れ、他端の切口に親指を当てて握り、ピストンのようにはげしく前後に動かしつづけていると、やがてポンプのように筒先から水がほとばしりはじめる。それをできるだけ遠くまで飛ばす。③一・五〜一・六メートルの長さに切り、細い方を斜めにそぎ、そこに口をあてて、らっぱのように吹き鳴らした。アイヌ名の「わッカクㇷ゚・チれッテクッタル」等はこうした子供たちの遊びからついたものであるそうだ。そのうちに試してみようと思っている。

子供のオモチャと食用のほかには特に人間とのつき合いのない草である。もっとも食用としても、近い種類のタマブキ、イヌドウナ、モミジガサ等、「シドケ」と呼ばれるものの方が味は良いのだといわれる。北海道には分布しないか、あっても分布が限定されているので、全道どこでも食べられるのはヨブスマソウということになる。

昭和七年の『南樺太産有用野生植物』には「食用・蔬菜　北海道旧土人は本種の嫩茎を食用に供すといふ。蔬菜として利用し得べし。飼料　本種は栄養価大なるを以て家畜の飼料として可なり」とある。四年後の昭和十一年の『南樺太産食用野生植物』には「春季その嫩茎葉を採り、これを煮て食するに味極めて美味である」と書いてある。同じ樺太中央試験所から出た報告と彙報の記載でありながら若干ニュアンスが異なるようだ。

昭和六年の『北海道に於ける食用野生植物』では「……俗にボウナと称して、其の嫩き茎（棒状を呈して軟なり）を浸し物として食するに味佳し。本道主要救荒植物の一に算するを得べし」とあるから、この資料がヨブスマソウを一番高く評価しているようだ。

東北地方では昔から利用されていて、ボウナの利用の発祥地だろう。秋田の民謡「秋田おばこ」

に次の一節がある。

〽おばこ何処さ行《え》ぐ　後の小山コさ　ほン菜コ折りに　ほン菜コかずけ草　小縄籠《こだし》コ枕に沢なりに

セリ（セリ科）——春の七草の筆頭

子供の頃、多分小学校に入ったか入る前の頃に近くの田んぼで一人でセリを採った記憶がある。田の畦や田の中に生えているから地面にぴったり着いていて少し赤味のあるやつで、ナイフではがすように採った。採った記憶はあるが食べた方の記憶がないのは小学校に上る前に母親が死んだせいだろうか。数年前に、昔の面影をまったくなくした、この田んぼのあたりを通った。東京、杉並の妙正寺川に沿って開かれた田んぼで、鮒や目高、ドジョウはたくさんいたし、稲の切り株近くの穴に手をつっ込むとアメリカザリガニを引っ張り出すことができた。近くには牧場にホルスタインが鳴き、雑木林にはカブト虫がはっていた。こういう自然をなくすことが都市の進歩だ

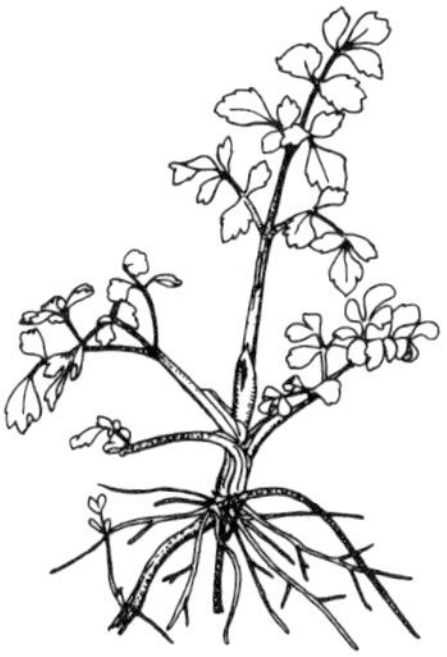

セ　リ

とはとても頷けない感じがする。

春の七草の筆頭に挙げられるセリはわが国の分布も広く、平安時代の延喜式に栽培の記録があるくらい古くから食用野草として知られている。人の目に触れ、利用される機会の多い植物は自然と方言名が多くなるのが普通で、タンポポやヒガンバナ、イタドリ等はその代表ともいえるものである。現代になって何かの理由で人間とのつき合いの絶えた植物であっても、方言名を集めることによってこの関係を推しはかることができる。だから、このセリにもいろいろな呼称があってもよさそうなものだと思うが意外に少なく、熊本の「カワクタ」が少し目先がちがうくらいで、あとは「シェリコ、セイ、スイリ、セル、セロ、ヒリ」等で大体は「セリ」と同系の呼び方が多い。つまり「セリ」という名前は、新しい名前をつけられるのを嫌って相当頑固に昔のまま伝えられている、と考えられる。上古の記録に出てくる植物名が現在の何にあたるのかよくわからなくなっているものが多い中で、セリは太く長く生き延びてきた植物の一つである。

セリの名は「競《せ》り合って生える」からとか「歯ざわりがセリセリする」から等といわれている。二千年近くも使われている名前のわりには何かしっくりしない解釈で、昔はもっと重要な意味を持った言葉だったのではないか、という感じがする。稲作民族の渡来した折に「食べられる水田の雑草」として、故郷での呼び名をそのまま使ったのではなかろうか、と考えているが、東南アジアあたりの古い言葉でも洗ってみないと確かなことは言えない。あるいは漢語の「水芹 shuei-chin」からきているかもしれない。いずれにしても「セリ」のように単純な言葉の意味は日本語の起源に迫るような問題を含んでいるような気がする。東京大学植物学教室の初期の教授松村任三博士は日本語の発展を期待して大和言葉を研究し、その起源を古代の中国語に求めたが、その中でセリは「繊 ser（音）slender（意味）」が起源であると説いている。これも一つの仮説であるが、古い日本語の起源を現代の日本語から解釈しない点がよいと思う。

　セリを採る上で最も注意を要するのはドクゼリと間違えないことである。本道では田んぼの水溝とか水湿地に比較的普通に見られる。タケの根のような根茎を「延命竹」など結構な名前で観賞用に売ることもある。稀有の冷害年とされる大正二年の翌春はさすがに北海道も飢饉の様相となり野草を救荒用に求める人が増えた。当時の北海道農事試験場は四月に『時報』第七号「毒草に関する注意」を発し「此際最も警戒を要するはトリカブト（一名ブシ）及びドクゼリの二なりとす」と注意を喚起した。北海道の毒草で最も警戒すべきものがトリカブトとドクゼリであることは今も変りがない。ドクゼリの根茎は太く緑色でタケノコ（ネマガリダケでなく太い竹の筍）に似ており、細かく分れた葉の最後の

ドクゼリ

裂片は細長いのに対し、セリは太い地下茎を持たず地下を横にはう細い白い根茎があり、葉の小片は小さい菱形をしている。説明を聞いただけではなかなかわからないから、植物園あたりでよく似ているが区別できないと困るような植物を並べて植えるという工夫をしてくれるとよいと思う。

昭和十七年に北海道食糧指導協会から出された『野草の食べ方』という十一ページのパンフレットには次のように書いてある。

「……浸しもの、和へものとするが油でいためたり炙って酢醬油で食べる事も出来る。汁の実には生のまま用ゐて食し、香の強いのが嫌の人は軽く茹で用ゐれば良い。但し香気を尊重するものであるから、煮すぎ、茹ですぎをせぬ様に注意すべきである。分析の結果に依れば左の通りである。

粗蛋白質一・七六　粗脂肪〇・二四　含水炭素三・一二　粗繊維〇・八一　灰分一・二六……」

エゾイラクサ（イラクサ科）——蕁麻疹

北海道には約十五種のイラクサの仲間が生えている。イラクサというとあのチクチクと痛がゆい刺毛のある草を思い浮かべるが、このなかで刺毛のあるのは四種ほどにすぎない。夏に肉芽のできるムカゴイラクサ、東北でアイコと呼んで山菜の代表格とされるミヤマイラクサ、高さ一・五メートルにもなるエゾイラクサとこれに似て葉の細いホソバイラクサといったところである。いずれも食用になるが、全道に普通に見られるのはムカゴイラクサとエゾイラクサである。

アンデルセンの童話に『白鳥』というのがある。魔女の継母に十一人の兄王子を白鳥に変えられたエリーザという王女が、魔法をとくためにイラクサの繊維で十一人分の着物を編むことにな

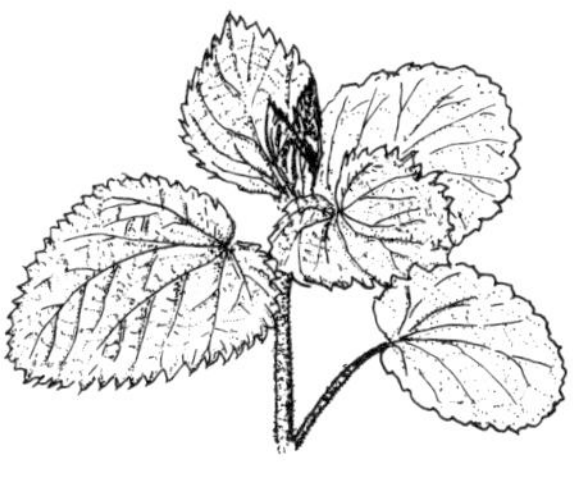

る。出来上るまでだれとも口をきくことはできない。そのためエリーザに好意を寄せた王子にも疑われて魔女裁判にかけられ、口もきかずにイラクサを刈って着物をあむ魔女として処刑されることになってしまう。あわやその時、空の彼方から十一羽の白鳥が現われ、エリーザの十一枚の着物もできあがり白鳥に投げかける。魔法が解けた十一人の兄王子とエリーザはようやく幸せをつかむ、という話である。

ヨーロッパでは昔からイラクサの茎の繊維を利用し、栽培した記録もあるといわれる。わが国でもイラクサ科のカラムシ（苧麻）をかなり古くから栽培して繊維を取った。東京の古名「武蔵《ムサシ》」の「ムサ」はカラ（唐）ムシの「ムシ」から由来するのではないか、という人もいる。アイヌ民族の利用した植物繊維では何といってもオヒョウニレが有名であるが、樺太ではエゾイラクサも使った。明治三十九年に樺太民政署の嘱託を受けた札幌農学校の宮部金吾教授と農学士の三宅勉氏は『樺太植物調査概報』を復命し、第五節「繊維植物」の一九に、「おほばいらくさ……土人晩秋茎ヨリ皮ヲ剝キ糸ヲ作リ布ヲ織ル之ヲ『テタラッペ』ト云フ　又糸ヲ作リ網其他ノ用ニ供ス」と記録している。食用植物の記録の中にはこのイラクサは入っていない。

今では、藪を歩くと刺される嫌な草、ぐらいにしか気づかれないイラクサの仲間にもかつては洋の東西を問わず人間の生活に密着していた時代があったわけだ。化学繊維の発達が人間とイラクサ族の間を裂いてしまい、今では山菜としてのつながりしか残っていない。

この、チクチク痛くて採るのさえ大変な草を最初に食べようと考えた人は、海でいえばナマコを最初に食べた人に匹敵するだろう。舘脇操博士も「秋に入ってから繊維材料として集められるものであり、又手に触れるとひどく痛むので、この草が果して食用になるのかしらと思われる」(『摘草百種』)と書いている。江戸時代の百科事典である『和漢三才図会』には毒草類に入れられ「……触るは畏るべし、蜂や毒虫の如し、……水中に投げれば能く魚を毒す」とある。江戸や東京など余り飢饉の影響のなかった所ではもっぱら毒草扱いだったが、凶作におびえた東北では救荒食として早くから認めていた。江戸中期の東北米沢藩の救荒書『かてもの』に出てくる。これはミヤマイラクサで、前に記したように現在では東北の山菜でも著名なものになっている。

エゾイラクサは茹でれば刺毛に含まれる蟻酸もなくなるので気にならない。鮮やかな緑色にゆで上るし、アクもないのでなかなかさっぱりとしたものである。生の時にはゲテモノ喰いの感があるが、調理されたものは立派な山菜の仲間である。

昔の朝鮮でも、「苗葉を茹でて菜となし、又汁に入れて食ふ。然れども、多食すれば吐利止まずして人体に毒ありといふ。薬材としては、葉を揉みて塗れば能く螫毒を治すと伝へられる」(『鮮満植物字彙』)という記録がある。朝鮮にはイラクサよりエゾイラクサのほうが普通なのだそうで、この仲間を食べる智恵は朝鮮あたりから伝わったのかもしれない。

イラクサは漢名を「蕁麻」という。蕁麻疹のジンマである。清朝中国の代表的な園芸書『秘伝花鏡』には「蕁麻に人間の小便をかけるとしおれる」と書いてあるが、まだそういうのを見たことがない。量の問題か人種のちがいか定かではない。イラクサ、エゾイラクサ等イラクサ属を表

わすラテン語は *Urtica* で「私は焼ける」という意味である。ヨーロッパの野草の本に、イラクサの一種が「リューマチの治療に使う。春の若いものはガチョウやアヒルの餌になるし、ホウレンソウのよい代用品になる」と解説されていた。案外ポパイの缶詰にも混じっていたかもしれない。

アイヌ語ではエゾイラクサの枯茎を「モセ」と呼んだ。前記の「ムシ」と同系で朝鮮語からきているとされる。妹背牛という地名は「エゾイラクサの枯茎の多い所」という意味のアイヌ語から出ている。

オオイタドリ（タデ科）——虎の杖

北海道でみられるイタドリは、本州にあるものより大形で別種である。オオイタドリは本州では山の中に入らないとみられないので、江戸時代にはイタドリと区別していなかったようだ。京都を中心に活躍した本草学者小野蘭山は『重訂・本草綱目啓蒙』の中で「虎杖いたどり、深山に生ずるもの最長大にして茎の囲三、四寸高さ丈余に至る、中空にして節あり竹の如し。老たるものは杖となすべし、然れども折れ易し。蝦夷には囲六、七寸高さ一丈五尺なるものありと云」と紹介しているが、オオイタドリをイタドリの大きくなったものとしてしか扱っていない。正確に見わけるのには、葉の基部が心臓形に切れ込んでいるのがオオイタドリ、切れ込みがないのがイ

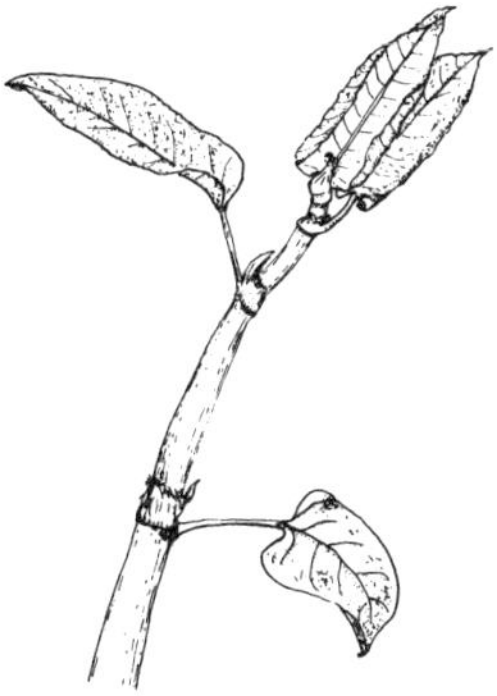

タドリと覚えておくとよい。イタドリは英語では節のある草（ノットグラス）といわれるが、本州のものがジャパニーズ・ノットグラスで、オオイタドリはサハリン・ノットグラスで樺太が分布の中心であることを示している。オオイタドリはオオブキやヨブスマソウ、オオヨモギなどと共に、北方高茎草を代表する種であって、生物は寒地の方が大型となるという説を出した学者もいたが、このような大きな草を見ているともっともらしい説に思えてくる。

東京都の最高峰雲取山（二、〇一八メートル）の中腹にオオイタドリの群落がみられるから、このあたりの千メートルと札幌付近が同じような条件といってよい。雲取小屋付近の谷川のほとりが札幌のわが家の庭と同じ気候だと思っているだけでも気分が良い。

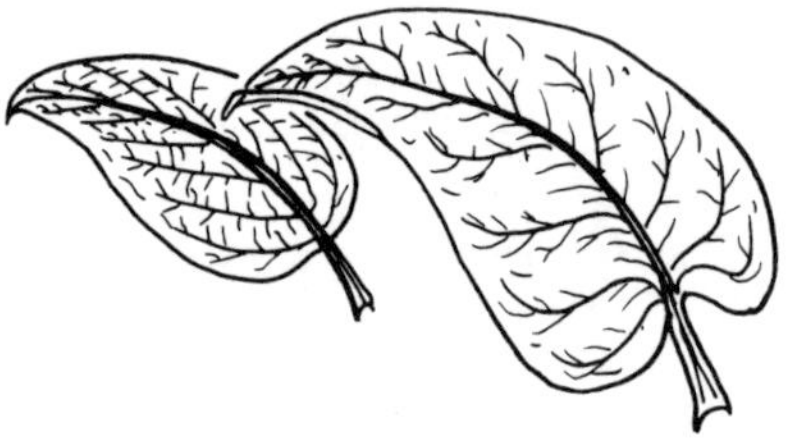

イタドリ（左）とオオイタドリ（右）の葉。葉のつけ根がちがう

イタドリの名前は痛取りからきたといわれ、根茎を干したものは虎杖根という漢方薬になっている。神経痛などの鎮痛効果があるともいうが、普通は利尿効果を使った膀胱カタルの治療薬と通経薬とされている。また、のどのかわきを訴える患者には、この煎じ薬を冷やして飲ませるという。

漢字では虎杖、黄薬子という字をあてる。登別の近くにある虎杖浜（白老町）という地名は、イタドリの多い所という意味のアイヌ語「クッタル・ウシ」を日本語に訳したもので、事実オオイタドリの多い浜であった。虎杖浜出身の人の思い出話によれば、子供の頃には見上げるほどのオオイタドリの密林には怖くて中に入れなかったそうである。第二次大戦中の物資が乏しかった頃、ここのイタドリに眼をつけた軍関係者によって、タバコの葉の代用品として供出が命じられ、大がかりな葉の採取がおこなわれたという。

イタドリの葉のタバコは辛い味がするというが、ニコチン中毒が問題になっている現在では、再びイタドリタバコに登場ねがってもよいのではないだろうか。嫌煙権を主張する人に対しても、なあに落葉をもやしているのと同じですよ、と弁解もできるというもの。

虎杖浜の三メートルもあったオオイタドリの原野も、その後開墾されたりして激減したが、決定的に潰滅したのは、昭和三十八年に噴きだした温泉のせい。虎杖浜はそれまでの小さな漁村から、たちまちネオンまぶしい歓楽街になってしまった。今では釣り餌用のドングイ虫（イタドリハムシ）をとろうにも、イタドリは虎杖浜にはない。

イタドリが滅びた所もあれば、ふえすぎて困っている所もある。アジア原産のこの草を珍しがって庭に植えて観賞用とする人が外国人に大勢いて、これが逃げ出し、ヨーロッパでもアメリカでも帰化植物として猛威をふるっている。特にアメリカ北部に入ったオオイタドリのひろがりかたは、日本のセイタカアワダチソウ以上だという。イタドリの最も効果的な除去法は、これを若芽のうちに食べてしまうことだということを外国人にも教えておかなければなるまい。

イタドリは、春雪融けの頃になると、紫色をおびた若葉が巻いたタケノコ状の芽が伸びてくる。

この芽はぬるぬるした粘液で保護されている。山菜として利用するのは、この新芽の頃から高さ五十センチくらいに伸びるまでの間で、ヨブスマソウ同様茎を食べる草である。

春の山歩きでは、のどがかわいたらイタドリの若い茎を、生のままかじる。水気があって適当な酸味があるので天然の清涼剤ともなる。イタドリの酸っぱいのは蓚酸を含んでいるからで、大量に食べるのは体に毒である。ゆでて水にさらすと蓚酸はぬける。保存用に塩漬けにしたものも酸味はなくなるので塩出ししてからいろいろな料理に使えて便利である。

オオイタドリの茎は中ががらんどうでとても杖にはならないが、それでも草の中では太くてしっかりした茎である。葉も落ちてこげ茶色になった茎は、つるのある豆の支柱に使ったり、ひもで編んで囲いにしたりする。洞爺湖にある手打ちそばを名物とするドライブインでは、オオイタドリの茎で天井をはり、民芸風なインテリアとして評判がいい。

子供にとっては、竹よりも細工がしやすいのでいろいろな遊びに使われる。水を導く管にもなるので水遊びにもよく、イタドリの茎をいっぱい立てたダムから水を引いて、水車や「ばったり」をつくる器用な子供もいる。

太い根茎を持ち春をまちかねてぐんぐん伸びる、いかにも北国育ちらしい風格を持つ草である。

虎杖や　一節伸びし　今朝の雨　（桃雲）

セイヨウタンポポ（キク科）――元は栽培種

　野草を改良して蔬菜にするというのが普通の話だが、セイヨウタンポポの場合はまったく逆の話。つまりもとは蔬菜としてつくられていたものが畑から逃げ出して野草となっている例なのである。北海道にはエゾタンポポという土着のタンポポがあった。しかし、今ではセイヨウタンポポにほとんどおきかわってしまった。このセイヨウタンポポ、実は札幌が伝播の元であるといわれている。平山常太郎著『日本に於ける帰化植物』（大正七年）によれば、「札幌農学校創立当時の教師ブルックス氏北米より蔬菜用として種子を取り寄せ栽培せしが脱出野生化せるもの」と解説

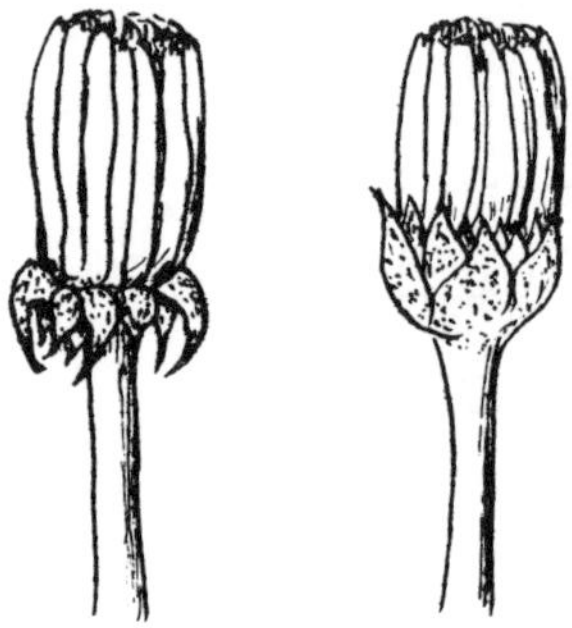

セイヨウタンポポの苞はそりかえっている

されている。札幌でのセイヨウタンポポの勢いを聞いた牧野富太郎博士が、旺勢なひろがり方に驚き津軽海峡を渡って日本全土にひろがるのもまたたくうちであろうと予言したのは明治三十七年のことであった。

明治の中頃には東京の三田育種場でもフランスから輸入したセイヨウタンポポを試作している。育種場発行の『舶来穀菜要覧』(明治十九年)には「洋種のタンポポは内国種と異りて一株に多くの葉を叢生し萌せば較々其苦味を失ひ生食するに宜し、早春の蔬品に供すべし、又其根を乾燥しいりて珈琲に代用すべし……」という記載がある。この時導入されたセイヨウタンポポは逃げなかったのか、逃げてもその頃の東京では環境が良かったので定着できなかったのかともかく三田育種場は伝播源になっていない。東京にセイヨウタンポポが侵入するのは大正末期の頃で、昭和の初めにも長田武正博士が話にだけきいていたセイヨウタンポポを九段下の堀端で見つけて喜ばれたというくらい珍しい存在であった。それが今では東京以南でも在来種を見つけるのが珍しいほどになっている。

フランスでは若い葉をサラダ用に食べる。根は利尿剤として使うそうで、フランス語でタンポポポのことを「ピッサンリ」というが、これは「寝小便小僧」とでもいうような意味。学名にも「タラクサカム・オフィシナーレ」（薬効のあるタンポポ）とつけられているように解熱・発汗・健胃・強壮・催乳などの効果が挙げられている。薬草としての基本は利尿にあり、体内の老廃物や悪いものを早く体外に出すことが人間の体調をととのえ病気を治すもとであるという考えにもとづく。そういう意味ではセイヨウタンポポは立派な薬草といえる。ともかく、春になってタンポポを食べないうちは体の調子が出ない、あのほろ苦さが長い冬ごもりからさめるのにも必要なものなのだという人もいる。

タンポポの根は太いゴボウ状の根である。この根をよく水洗しきざんで乾かしてから、こんがりと炒ってコーヒーの代用とする。胃の弱い人むけの健胃コーヒーである。根を縦に割って木化した中心部分を除くと、白くて厚い皮の部分が残る。これは苦くなくどんな料理にも向いている。特にキンピラにすると、ゴボウとニンジンの中間の舌ざわりで味もよく逸品である。食通のお客様にすすめてもタンポポの根とわかる人がいないのもまた楽しい。もうひとつタンポポ料理で意外なのは花茎のおひたしであろう。普通タンポポは花がつく頃には苦くてかたいので食べられないが、蕾をつけて伸びだしたばかりの花茎だけを集めるとけっこう食べられる。あざやかにすきとおるようにゆであげると、山菜料理の野趣よりは洗練された懐石料理の一皿という感じになる。

この花茎は植物学的にタンポポ族を区分する重要なきめ手で、頭に花を一つつけるだけの茎で枝わかれもしないし葉もつけていない。タンポポの葉はすべて根際から出ている。なおタンポポ

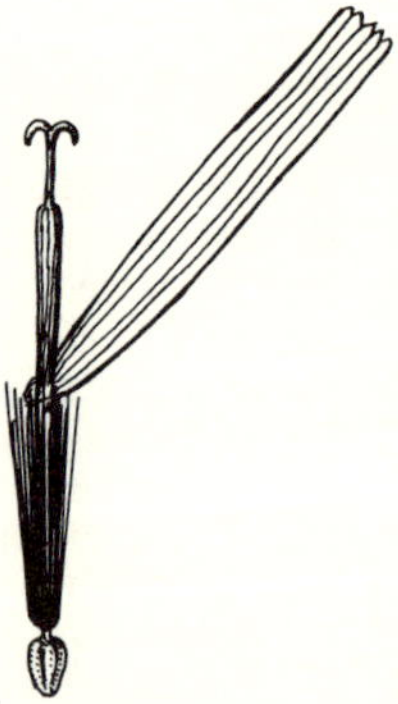

キク科の花

の花は正確には花びら一つが単位。これにオシベ、メシベと実になるところがついている。そしてセイヨウタンポポの場合は受精しなくても種子になって長い毛のパラシュートで遠くへ飛んでいく。踏まれても刈られても平気で、掘り取っても切りとった根から再生する。北海道の牧草畑では牧草よりも多くなって困っているところがあるが、タンポポは牧草の女王アルファルファとは相性が良いのでそう悲観することはない。畑が肥えてきたのでアルファルファに切りかえてみれば乳の出もよくなる前徴と思ってもらえばよい。

都会の空地でもセイヨウタンポポを厄介者扱いするが、タンポポとじょうずに付き合うことを考えたほうが夢があってよい。団地のまわりなどにタンポポの原っぱがあって、子供たちの遊びの相手をしてくれたり、奥様方のそう菜のネタになったりするというのは、団地の設計者の計算にはないものだろうか。

コウゾリナ（キク科）――道産子嫁菜

コウゾリナは陽当りの良い山野、路傍に普通に見られる。野草というよりは雑草の名のふさわしい植物である。二年草だから、夏に飛散した種子から芽が出て、秋にはタンポポに似て、切れ込みがなく、毛の生えた葉をひろげた苗が見られる。寒くなるにしたがって、中心の部分に小さい葉をたくさん重ねて冬仕度に入る。この頃でも食用になるのだが、「山菜は春のもの」と考える人が多いので採る人はいない。春になり、雪が融けると中心に重なった葉が伸び展がり、そのうちに茎が伸びてきて（いわゆるトウが立つ）盛んに枝分れをした先に小さな黄色い花を咲かせる。

上から見るとバラの花のように小さな葉を地面にピッタリと重ねて冬越しする状態を植物学で

は「ロゼットを形成する」と表現する。オオマツヨイグサ、ヒメムカシヨモギ、ヒメジョオン、ナズナ等ロゼットの形で冬越しする植物は案外数が多く、しかも大部分が春先の摘草の対象となる。ダイコン、キャベツ、パセリ、レタス等の野菜類もこうしたロゼット型を示す野草から改良されたので、たとえば低い気温に会わせると葉がちぢんだり花芽ができたりしてしまうというような性質を持っている。

「コウゾリナ」の意味は牧野博士によると、「剃刀菜ノ義デアル此植物ハ其葉ガ狭長デ且ツ葉縁並ニ中脈等ニ剛キ鈎毛ガアッテ之レニ触レバ膚ガ切レサウナ感ガアルカラかみそりなノ意デからぞりなト呼ンダモノデアル……」ということになる。カミソリを連想した植物の名前にはたとえば「キツネノカミソリ」のようにスラリとした葉の方が似合うように思うが、コウゾリナの場合には案外子供の遊びから出たのかもしれない。コロモナ、ウシタバコ、クンショーソウ等方言名の多いことはこの植物がよく知られたものであることを示している。主な用途はやはり食用であって、『大和本草』には「カウゾリ　葉長如二紫菀一就レ地而生イラアリ村民蒸食」とあるから、江戸時代にはこの名も利用価値も定着していたのであろう。

さて、北海道でも「トペキナ」「ススアンチャミ」「イセポアンチャミ」のアイヌ名があり、「若菜は茹でて菜とした（幌別）」（『分類アイヌ語辞典』）という記録はあるが、本格的に利用を考えたのは和人による開拓がはじまってからだと思う。なぜか「コウゾリナ」と呼ばずに「ヨメナ」と呼ぶのが北海道のやり方である。植物図鑑のヨメナは函館方面にはあるというが本道には稀で、本州では昔から摘草の代表的なものになっている植物である。これは、古名を「ウハギ」といって、万葉集にも柿本人麻呂の作品として、

妻もあらば摘みて食《た》げまし沙美《さみ》の山　野《の》の上《へ》のうはぎ過ぎにけらずや

があって食用にしていたことがわかる。春の七草の一つに数えられても見劣りのしない一級品であった。田の畦など人里に近い所に生える多年草で、秋には青紫色の花を咲かせる、いわゆる野菊と総称されるものの一つである。本道に分布する植物でこのヨメナに一番姿形が似ているのはエゾノコンギクで、それほど珍しいものでもなく、若芽はヨメナとちがって毛があるが、食べることができる。本当のヨメナが北海道にはまずないと言ってよいのだから、代わりにこのエゾノコンギクを「ヨメナ」と呼べばよかったのに、お世辞にも似ているとは言えないコウゾリナを「ヨメナ」と名付けたのはどうも納得できない。事実岩手県や山形県のある地方では「コンギク」をヨメナと呼んでいる。他にヨメナの名で呼ばれる植物には山口県のハハコグサ、和歌山県のハナイカダ（低木）等がある。これらも本当のヨメナには似ていないが、要するに食べられる野草の中で優良なものにつけられたものであろう。「ヨメ」の名のつく植物名（方言）は大

コウゾリナ

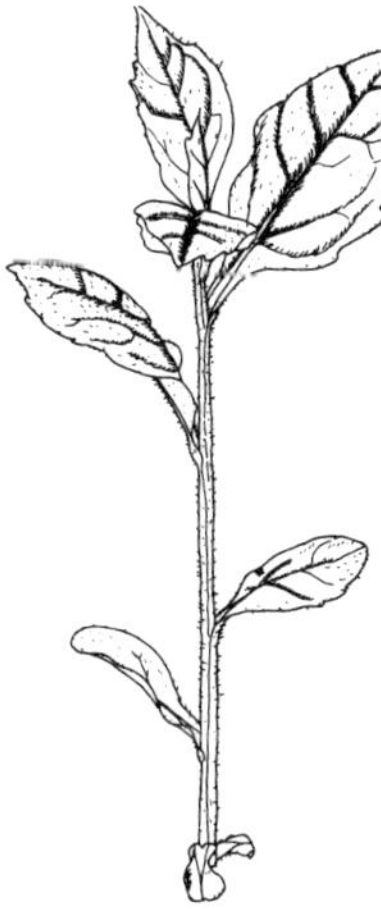

エゾノコンギク

変に数が多く、おおむね「優しい」というような感じを表わしている。

ヨメナに対して「ムコナ」があり、やはり野菊の仲間で白い花を開き、根生葉がスミレのおばけのようなシラヤマギクのことをこう呼んでいる。北海道には普通に見られるが、あまり山菜として利用されていない。朝鮮では生のままでも食べるくらい好まれるという。

野菊という名から浮かぶイメージは時代と共に、また人によって黄色であったり白であったりするが、現代では伊藤左千夫の『野菊の墓』につながる青紫が合うようだ。本家のヨメナは、摘草が廃れても秋の里に野菊の風情を提供しているが、道産子ヨメナの方は摘んで食べない限り畑地や空地の雑草として嫌われるばかりになるだろう。

昭和六年に北海道農事試験場が出した『北海道に於ける食用野生植物』にはコウゾリナに「全道に分布す。草原地に自生する多年草にして根葉はタンポポに似たるも毛茸あり、夏季に黄色の花を開く。本道にては俗にヨメナと称し、春季其の嫩葉を採りて煠でて浸し物となして食す」と解説してある。

ヨモギ（キク科）——草餅から艾《モグサ》まで

ヨモギは知らない人がいないほどよく知られた野草である。草餅に入れたり、モグサにしたり、いぶして蚊遣に使ったり、古くから人々に広く利用されてきた。

種類が多く全道各地に繁殖しているが、普通にみられるのはエゾヨモギ（オオヨモギ）と呼ばれるもので、他に海岸に行くと真白い毛に覆われたシロヨモギ、高い山にはサマニヨモギ、低い山にはオトコヨモギやイヌヨモギなどがあって、ざっと数えても二十種類くらいある。日の良くあたるところなら、川原、草地、路傍、林縁、農地の荒れた所など、どこにでも生える逞しい野草である。しかし、近年は悪名高いセイタカアワダチソウに押され気味で、各地で追い出されてい

る。

ヨモギは「よく燃える草」の意味だといわれるが、そういえば、以前はイタドリの枯茎と同様、カマドの火を燃す時の火付材料として用いられていた。しかし、ヨモギの最も多い利用法は草餅の材料としてである。若いうちに摘んで餅に入れるのもよいが、ヨモギの持つ香りを最大限に利用しようと思ったら、摘んだものを一度茹でて、天日で干して保存したものを水に戻し、ミキサーでヨモギ汁をつくって草餅に利用するのが一番よい。また、干したものであれば、年中利用できる便利さがある。最近デパートなどでみかける越後名物笹だんごも、このようにしたヨモギを使っているという。笹も干して利用する時水にもどすといつでも使える。笹だんごは比較的保存のきく食品である。笹にもある種の殺菌作用が認められるが、ヨモギもシネオールという防腐効果のある物質を含んでいるからである。昔から五月五日の節句にヨモギやショウブを束ねて浴槽に入れたものをショウブ湯といって、広く町の銭湯でおこなわれていたのは、悪魔よけという中国の民族文化に由来しているが、実際的薬効も期待されるものである。

アイヌ語ではエゾヨモギを「ノヤ」といって、各種の病気の薬として用いたし、その強い香りは病魔を追い払う力のある薬として呪術的にも使われていた。中世のヨーロッパでもヨモギが魔法や占いに用いられたり、また疲労回復や鎮静剤として用いられていた。ニンニク同様、臭の強いものを呪術的に用いる点では洋の東西を問わないのも興味のある点である。

ヨモギは一名モチグサといわれるほど、草餅といえばヨモギということになっているので大昔からの習慣と思いがちだが、実際には室町時代(一三九二〜一五七三年)の頃からららしい。『養生訓』で有名な江戸時代初期の貝原益軒の『菜譜』という本に「いにしへ、本邦には三月三日の草餅は此草(ハハコグサ)にて製する事が文徳実録に見えたり。いつのよにか三月三日の餅は艾(ヨモギ)の葉にて製す」と述べている。

ヨモギの利用といえば、専ら野生のものということになっているが、ヨーロッパでは洋酒のアブサンやベルモットの味付用にニガヨモギが使われる。フランス料理のカタツムリのたれにはヨモギの一種のドラゴン草の酢づけがかかせない。中国にはヨモギナという葉菜があって夏の重要な蔬菜となっている。わが国でも、モグサや駆虫剤用にミブヨモギが栽培されている。

一般に茎が伸びてくると雑草としてかえりみられないが、伸びたものでも柔かい葉は天婦羅に、柔らかい茎はキンピラにして食べるとおいしい。夏が終って硬くなった茎は刈取って干すとかなり折れにくいしっかりした棒になるので、菊の支柱に用いられる。これほどいろいろな方面に使われる野草もないだろう。

アザミ（キク科）——根の味噌漬は山午蒡《ヤマゴボウ》

アザミは葉がごつく、おまけに刺もあるので、ちょっと見た目には食欲のわく代物ではないが、これが存外昔から食用にされているばかりでなく栽培までされているから面白い。

江戸時代初期の有名な儒学者、貝原益軒（一六三〇〜一七一四年）の『菜譜』には、中国の本草綱目の中のアザミの項を引用して、「二月に苗を生ずること二、三寸の時、根を併せ菜となし茹で食う。甚だうましと」と書き、次いで、自分の知見として「葉わかき時、煮てあへ物として食す。味よし。茎を日かげにさしてもつく」と栽培法も書いている。

アザミと一口にいっても種類がすこぶる多く、北海道にも海岸から大雪山の山のお花畑まで約

二十種のアザミが分布している。おまけに近年はアメリカオニアザミという外国産のものまであるので、何々アザミと決めるのはむずかしいが、葉のとげと花をみればだれだってアザミの仲間だとわかる。どのアザミも食べられるので、種類を問題にしなくてもよい。

鋭い刺があって、厚い暗緑色の葉をしている一メートル近くにのびているアザミは威風堂々としていて王者の貫録があるし、花はやさしい紅紫色であるので、刺のある割には人々に親しまれている。伊藤久男の唱う〝アザミの歌〟は戦後大変に流行したが、今でものど自慢に歌われているのをみると、曲が良いせいもあるが、アザミが持っている親しみやすさも関係しているかもしれない。しかし、花言葉は逆に「人間嫌」となっているのは、地上部はもちろん、地下部の根まで食べられるアザミの側からのものかもしれない。

アーティチョークと呼ばれる朝鮮アザミは別に朝鮮が原産ではないが、西洋では重要な野菜の一つになっていて、頭花から花弁等を取った残りの坊主頭みたいなところを塩を加えた熱湯で茹いてドレッシングやマヨネーズをかけて食べる。

アザミの茎は、アメリカでは皮をむいて生か煮てたべる。

日本では、根を味噌漬にして山ゴボウの味噌漬として売っている。島根県の三瓶ゴボウ、岐阜県の菊ゴボウなど何れもアザミの根の味噌漬である。味噌漬に用いられるのは、モリアザミの根で、岐阜県の山間部の農家などでは昔から自家用として利用していたものを大正の終り頃から畑に栽培して製品として売り出すようになったものである。アザミの根は形がゴボウにそっくりであるばかりでなく、香りもゴボウに似ている。アザミとゴボウは同じ科の非常に近い仲間なことを考えれば当然かもしれない。

山ゴボウはもちろん俗称であるが、これと同じ名を正式の名前にもつ有毒植物があるから、いくら観光みやげだからといって勝手に名前をつけないほうがよい。正式な和名のヤマゴボウのほうはキク科ではなくヤマゴボウ科で葉は食べられるが、根は有毒で、薬用として使われる。

植物の名がどうしてそのようにつけられたかは、いろいろ説をなす人がいて、これだと断定するのはむずかしいが、せんさくするのは面白いものである。アザミという名前は、おどろくという古語のアザム、すなわち刺の多いのに驚くという意味だという人がいるが、これなどは少しもって回った感がしないでもない。しかし、見た目よりはおいしいのに驚く野草ではある。

ツリガネニンジン（キキョウ科）――名は朝鮮から伝来

青紫色の小さな釣鐘のような花をつけ、根が「人参」の形をしているから「ツリガネニンジン」の名がある。名前の由来をたずねると、この「人参」は野菜のニンジンではなく、薬用として古来名高い朝鮮人参のことである。朝鮮人参の方は江戸時代にはすこぶる付きの高価な薬で、親に飲ませるために身売りした娘の話などが講談にも残っている。川柳にも秀吉の朝鮮出兵をもじって「日本勢人参蔵でつかみ合い」とよまれている。

こうなってくると、ニセ物や代用品が出まわるのは世の常で、かなりいろいろな植物の根が使われたらしい。また、はじめは人参の根だけ輸入されて、生きた植物が日本で栽培されたのは享保年間だから、その間根の形を頼りに日本産の人参を捜す試みもくり返された。

このあたりの事情を本草学者小野蘭山は「古和人参未だ詳ならざるとき、形色の似たる物を以て人参とし、又偽物をなす。其草数多し、皆今に至り人参の名残れり……」と述べ、例として「ツリガネニンジン、マルバノニンジン、ツルニンジン、ボタンニンジン、ヤマニンジン、シラヤマニンジン、キヨマサニンジン」等三十近い品類を挙げている。ツリガネニンジンも人参にもとづいて名づけられたものであるが、偽物ではなくて「沙参」という名のれっきとした薬草である。だから、この近縁種にはホウオウシャジン、ミヤマシャジン等「沙参」の名の付いたものが多い。

山菜としての利用は薬用よりずっと古くて恐らく大陸から日本列島に人間が来た頃までさかのぼれるものと思う。山菜名としての「トトキ」が朝鮮語であり、古くキキョウを「ヲカトトキ」と呼んだ記録もあるので、相当古くに「トトキ」の名が伝わったのであろう。現在でも東北地方を中心に「トトキ」が使われている。

キキョウ科の多年草で高さ一メートルくらいになる。葉は一節に三〜六枚が輪生していて葉の形は非常に変化が多い。丸いもの、細いもの、毛のあるもの、無い物といった具合で、一見別の植物と思うようなものにしばしば出合う。折ると白い汁が出るのが共通点であるが、要は実物を何回も見て変異の幅に馴れることとである。

よく似たものにモイワシャジンがあり、札幌の藻岩山の名をもらっている。芽のうちはツリガネニンジンとの区別が困難だが、花が咲くと割合簡単にわかる。青紫色の花を破いてめしべを裸にし、そのつけ根の部分（子房）が細長い円柱形であればツリガネニンジン、短い円筒であればモイワシャジンである。

山でうまいはオケラにトトキ　嫁に食わすにゃ惜しゅうござる

という俗謡が東北地方にあるそうで、まあ山菜の代表格みたいに歌われている。実際に食べてみると、別にどうという感じはしない。アクは少ないし、甘味もない普通の山菜であり、他の人に聞いても特別な評価は返ってこない。たびたび飢饉にあえいでいた昔の農山村の人々と現代の人間とでは味覚がまったく変ってしまったのかもしれない。セリやニラのように特別な香気でもあるとよかったのに。

高校二年の夏休みに長野県の入笠山の山小屋で一週間ほど泊り込んで植物採集をしたことがある。登山で名高い八ヶ岳や蓼科山を前に見て、眼下には諏訪湖を見下ろす景色の良い所で、「アルバイトをするから泊賃をまけてくれ」と言ったら、「気にしないで採集しなさい」と安く泊めてくれた御主人も植物が好きであった。一日の採集品のいくつかが取り上げられて山小屋の軒下に植えられた。ある日の晩メシにツリガネニンジンの葉のテンプラが出た。成長した物でもこうすれば食べることができるわけだ。

昭和十七年に北海道農会から出された『山野菜食用記』（原秀雄著）には「春若い茎葉を摘で茹で又は油でいため、和物・煮物等にし、又茹干して貯へる。根は切干又は塩漬として貯へ、又生食し、又は茹でて調味する」とある。北海道ではそれほど普通に利用される山菜ではない。

知里博士によると、アイヌの人々は海や山の獲物を安置するための敷草にツリガネニンジンを使ったといわれ、食用としては「根をそのまま煮たり焼いたりして食った」と書いてあるが若芽を食べたとは書いてない。幕末の探検家で北海道の名付け親でもある松浦武四郎は『十勝日誌』でアイヌの薬用植物を紹介しているが、その中に「産後の血の道には沙参《ムケカシ》」と書いているが、ツリガネニンジンの根のことである。

エゾカンゾウ（ユリ科）――わすれぐさ

エゾカンゾウは明るい林内や湿地に普通に見られる。正式な名前はエゾゼンテイカであるが道内ではもっぱらエゾカンゾウが使われる。本州で高原の花として愛されているニッコウキスゲにきわめてよく似ているため、学者によってはエゾカンゾウとニッコウキスゲ（ゼンテイカ）を同一の種類とする場合もあり、保育社の『原色日本植物図鑑（下）』も、この立場で書かれている。いずれにしても本州の高原の花が北海道では平地で楽に見られるのだから有難い。もっとも、羊蹄山や大雪山のお花畑まで登っている。

本道では各地の「原生花園」の構成員としてよく知られている。この場合にはエゾキスゲのことも多い。エゾキスゲの花はレモン色で、開花がエゾカンゾウより半月ほど遅く、花茎が上部で

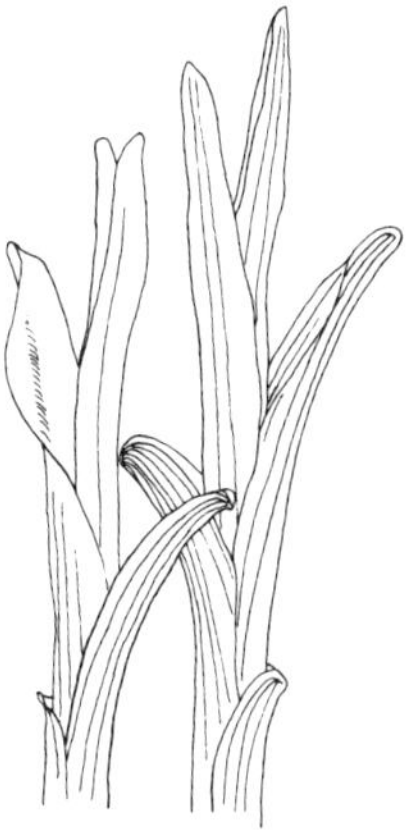

エゾカンゾウ

枝分れするのがエゾカンゾウとのちがいである。掘ってみると、エゾカンゾウの根はところどころふくれているが、エゾキスゲはただの太いヒゲ根になっている。

稚内市内のお菓子屋さんの店先で「エゾカンゾウ」という名前をつけた菓子があるのを見つけた。サロベツ原野のエゾカンゾウを想定した命名なのだが、買い求めてみると、あまり変りばえのしないサブレーであった。とかく菓子の名前はそれだけで中味がわかるようには付けられていないようだ。

「カンゾウ」は「萱草」と書き、昔は「わすれぐさ」と読んだ。北海道でも人家に植えられる八重咲のヤブカンゾウが「萱草」にあたるが、より正確には中国にある一重咲のもの（シナカンゾウ）を指す。中国の古書に、この花に対すれば憂いを忘れる、とあるところから「わすれぐさ」の名が渡ってきたもので、この風習は万葉集にも歌い込まれている。

わすれ草吾が紐に着く時と無く思ひわたれば生《い》けりともなし　（巻一二）

『今昔物語』巻第三十一には、「兄弟二人、萱草、紫苑を植ゑし語《ものがたり》」というのがある。父をなくした兄弟が、成長して公に仕え、兄は何時までも亡父を想って仕事に専念できないのでは困ると考えて、父の墓の辺に萱草を植えた。その後、弟が兄を墓参りに誘っても兄は物憂げな様子に沈むようになった。弟は「親を恋うる心を二人とも忘れてはならぬ」と思い、紫苑という名の草は見る人に、思うことを忘れさせない、ということを知って墓に植えたので、父を忘れることはなかった。弟の夢に親のかばねを守る鬼が出て、特異な力を与えられる、というもので、「嬉しきことあらむ人は紫菀を植ゑて常に見るべし、憂へあらむ人は萱草を植ゑて常に見るべし、となむ語り伝へたるとや」と結んでいる。

この場合のシオンはワスレグサに対するワスルナグサということになるが、今では舶来のワスレナグサに押されてかあまりその効能を聞かない。

さて、山菜としてはエゾカンゾウもエゾキスゲも、ヤブカンゾウも皆同じに利用される。北海道ではエゾカンゾウが一番多く見られる、というだけの差である。若芽、花蕾、花、そして根が利用される。早春、「人」の字を逆に重ねたような浅黄色の芽はこの仲間の他種と間違えようのない特質であり、地中の部分から切って、ゆでる。和え物、酢の物等で食べる。花は、未開の蕾のうちに摘み取り、茹でて芽と同様に用いたり、煮物や鍋物に使う。この花蕾の利用の方が有名で、中国ではゆでて干したものを黄花菜、金針菜と呼んでいる。わが国でも、初夏にニッコウキスゲの群生地で蕾を摘んでいる風景がテレビのニュースで報道されることがある。

カンゾウの仲間は東亜に約二十種が分布していて、一日の寿命しかないけれどユリに似た大きな花をつけるので、昔から観賞用に栽培された。黄色か橙色が基本の花色であるが、主にアメリカで改良が加えられ、白や赤の品種も作られている。ラテン語の属名は、*Hemerocallis* で「一日の美しさ」の意味であり、英語でも同様に Day lily と呼んでいる。園芸的にはヘメロカリスと呼ぶ。

アメリカでは、栽培品が庭から逃げ出して野生化しており、「余り知られてはいないが、優秀な食品となる」と書かれている。

シオデ（ユリ科）——野生のアスパラガス

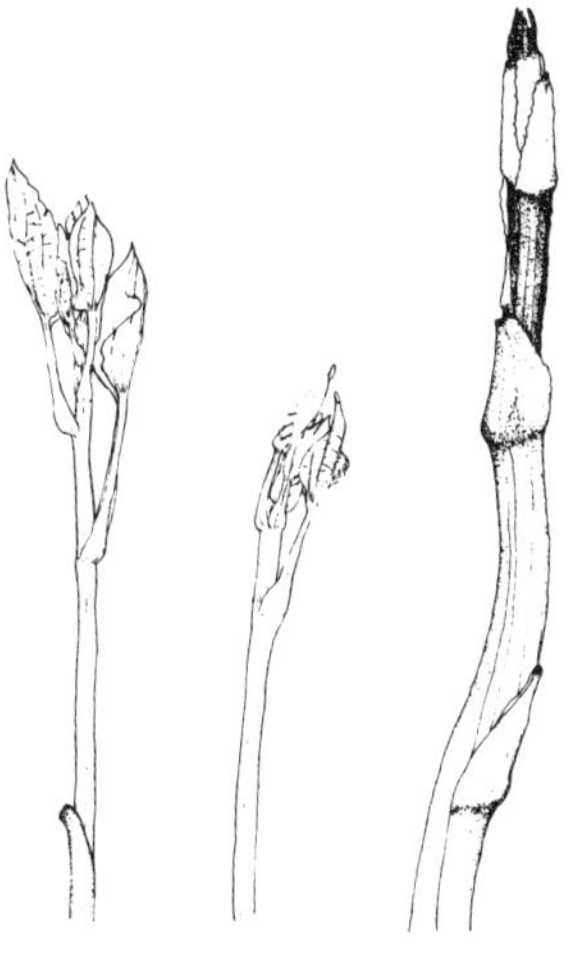

毎年五月の中旬過ぎに、楽しみにシオデの芽の伸びるのを見に行く場所がある。たいていの山菜の採れる場所は他人にも教えるが、ここだけは教えない。太い蛇のような芽が五〇センチを越えるほどに育つと、柔らかい所から折ってくる。折り口からは少し粘り気のある汁が流れるように出てくる。そんなにたくさん採れるわけではないが、何となく安心するのだ。これは、さっとゆでて熱いうちにマヨネーズで食べる。バターでいためてもよいし、てんぷらにしてもよい。とにかくアスパラガスと同じに調理すればよいのだが、緑色はさらに濃く、さわやかな風味はグリ

ーンアスパラをしのぐものを持っている。「山菜の女王」の名に十分値する名品である。

ある時、秋田に出張中の御主人から、留守を預かる奥さんに「ひろこよし　ひでこもうましあいこよし　おばこもとより　きりたんぽよし」と書いた秋田美人の絵ハガキが届いた。出張先で「広子、秀子、愛子」という名の秋田おばこに御主人が参ってしまった、と思い込んだ奥さんが「オバコノハナシ　キキタクナシ　スグカエレ」と、すぐに電報を打ち返した、という話がある（辺見金三郎『野草散歩』）。ヒデコはシオデ、ヒロコはアサツキ、アイコはミヤマイラクサでそれぞれ東北特有の「コ」がついたものである。

秋田県仙北郡のあたりには「ヒデコ節」という民謡まである。若い男女が野山にシオデを摘みに行って歌ったものだといわれている。

十七八コナー　今朝のナー　若草　何処で刈ったナーコノヒーデコナー　何処で刈ったナー
日干ナー　長嶺の　其の下でナー　コノヒーデコナー……

なかなか有名でよく知られた民謡であるそうだ。

全国の野山に広く分布しているが、山菜としての利用はやはり東北地方から広まったものであろう。暖かい地方ではあまり方言名もなく、シュデコ、ショージ、ショーデンズル、ショデッコ、ソデ、ソデンコ等、「シオデ」系の呼び名は関東以北に多い。神奈川県の一部で使われる「ショーデンボーイ」は何か競馬の馬の名でも思わせるものである。

シオデはアイヌ語の「シュウオンテ」から来た名前、ということになっている。このアイヌ語を見つけたのは、アイヌの父と呼ばれたジョーン・バチェラー博士である。この植物をアイヌの人たちが「シュウオンテ」と呼んでいたのだろうが、どういう意味かは不明で、知里真志保博士も『分類アイヌ語辞典―植物篇』で説明を加えていない。アイヌ語の呼称が、そのまま和名になっている例はシシャモ、エトピリカをはじめ動物には多いが、植物ではパクシルモン、イケマ等であまり多くはない。もっとも、アイヌ語に源を発することが証明されてくれば増えるだろう。「イケマ」にしてもアイヌ語であることがわかる前は、「死にそうな馬に食わせると元気になるから、生馬《いけま》だ」と、まことしやかに言われていたのだから。

シオデはユリ科に属するつる草で、葉のつけ根から二本の巻きひげを伸ばして他の植物にからみつく。巻きひげはそんなに長くないので太い木にはからめず、茎が伸び出してすぐに支えの得られる林のふちや草原に生えている。北海道には少ないが、木質のサルトリイバラに縁の近い植物である。昔中国で梅毒が流行した時に、山に入ってこの根を食べ、治って帰ったところから「山帰来」とつけられた薬草と同じものと思われ、サンキライとも呼ばれるが、日本のサルトリイバラは本物の山帰来ではない、とされ、ワ(和)ノサンキライと呼ぶようになった。シオデの方にはこんなけっこうな薬効はないようだが、アイヌの人々は葉を軟かにして眼に貼ったり、腫物、切傷に用いたという。漢字では「牛尾菜」と書く。言われてみれば春先のシオデの芽は牛の尻尾に似ていないこともない。

また、『開拓使官園動植品類簿』には「粘魚鬚《シヲデ》」の名が見られる。「切ると粘って、つるが魚のヒゲに似ている」という意味だろう。

ユリ科は単子葉植物の常識である平行脈から外れた網状葉脈を持つものがずいぶんとある。エンレイソウ類、オオウバユリ等もそうで、このシオデ、サルトリイバラの仲間も、葉はみんな網状脈になっている。他の科ではヤマノイモ科の全部、サトイモ科のミズバショウをはじめとする一群等で見られる。何事も教科書どおりにはいかないものである。

本当のアスパラガスに近縁なものはキジカクシという植物で、山野に普通に見られる。アスパラガスには比較にならないほど細いが、誠によく似た若芽を出す。グリーンアスパラと同じように食べられるが、やはりシオデにはかなわない。

スミレ（スミレ科）――すみれの花咲く頃

スミレは愛らしいものの代表格になっている。スミレ科に属し、日本ではスミレ属しか分布していないが、世界には木になるものもあり、その分布の中心および起源は南米のアンデス山脈であるとされている。そこから世界中に仲間をひろげ、その一派であるスミレ属が最も栄えているのが日本列島で、スミレ王国ともいわれるように約六十種、変種や品種、雑種を加えると二百種を超えるスミレが分布している。ごく特殊なものを除けば花を見れば誰にでもスミレであることがわかるくらい一般に知れ渡った植物である。

サクラという名のサクラ、バラという名のバラ、タンポポという名のタンポポがないのが植物

分類学の立場なのだが、スミレの場合はスミレという名のスミレがある。北海道にはこの名取りのスミレをはじめ約三十種も分布していて、その中には、フギレオオバキスミレ（ニセコ）、ジンヨウキスミレ（大雪山）、シレトコスミレ（知床）、アポイタチツボスミレ（アポイ）等の特産品も含まれている。スミレであれば、どの種でも山菜として利用できるが、普通有名なのは草丈が大きくて水々しいオオバキスミレと、根が太くて苞丁でたたくとトロロのようになるスミレサイシン（カット参照）である。

万葉集には山部赤人の作として、

春の野に菫つみにと来し我そ　野をなつかしみ一夜寝にける

の和歌が収められている。この歌は、①スミレが愛らしい花として好まれていた、②若菜または薬草として摘まれた、③野宿ではなく、女性と一夜を共にしたものだ、等の時代背景が考えられている。江戸時代には、里はともかく、都会ではスミレを食べることを知らなかったらしく人見必《ヒトミヒツ》大《ダイ》の『本朝食鑑』には「菫菜。須美礼《すみれ》と訓む。今の計牟介《げむげ》である。……古人は採って食したが、近人は食べず、但、児女が花を摘んで弄ぶだけになった。……」（島田勇雄訳）と書いてある。「今のゲムゲ」が、田んぼの緑肥にしたマメ科のレンゲソウであると話が少しややこしくなる。現在でも愛知ではスミレを「レンゲ」と呼ぶ地方があるそうで、江戸時代の方言集である『物類称呼』にも「碎米菜　げんげ。……いにしへにいふすみれ草是なり　今げんげばな　といふ……」とある。レンゲソウは中国からの渡来植物で、万葉の時代にはわが国に来ていなかったとされているから、「須美礼」＝レンゲソウの説はあたっていない。スミレ、菫、菫菜、レンゲソウの関係が混乱したのは江戸時代にもたらされた中国の『本草綱目』等の解釈のちがいからきている。菫、菫菜は「セリ」のことで、スミレを示すには「菫々菜」でなければいけない、といわれたのは牧野富太郎博士である。

さて、万葉仮名では「須美禮」とあてており、これも牧野博士の説では「花の形（唇弁と距の部分）が、大工の使う墨入れのような形をしているからスミレと呼んだ」ということになっている。今の大工さんの使っている墨入れは確かに革靴みたいな形をしているが、万葉の昔にこれと同じものがあって、同じ名で呼ばれていたかどうか確証が不明なのであまり信用できないと思っている。松村任三博士は中国語説を採って「紫拉」（ムラサキ・こする）とされた。

あまり食用にはされなくても、オモチャの少ない昔の子供には人気のあった草で、子供の発想からくる方言がやたらに多い。柳田国男はこれを分類して①スミレから派生したもの、②花の形を駒《こま》の顔に見立てた名（例コマヒキグサ）、③角力取草《すもうとりぐさ》の系統、つまりお互いに花を引っかけて首のむしれる方が負けとする遊びによるもの（例カギヒッパリ）に分けた。ジロウタロウ系の名も③から出ているとしている。

子供に人気のあったスミレが若い女性に歓迎されたのは、昭和のはじめに宝塚歌劇で上演されたパリゼットの主題歌「すみれの花咲く頃、初めて君を知りぬ……」の流行によるところが大きい。原曲ではスミレではなくリラであったという。このせいかどうか知らないが、兵庫県宝塚市の市花はスミレが選ばれているが、都市化の波で市花も減ってきているという。最近はやった「四季の歌」でも「春を愛する人は……スミレの花のような僕の友達」と歌っている。
ヨーロッパでは、嫉妬深いヘラの眼から隠すために愛人のイオを牝牛に変えたゼウスが、そのたべものとしてスミレを与えた、というギリシア神話以来たくさんの詩歌に使われてきた。まあだれが見ても「可愛い花」という印象を与える得な性分の草、といえるが例外もある。清朝中国に圧迫されていた昔の朝鮮ではスミレの長い花梗と距のある花を清国人の弁髪に見立てて一般にこれを嫌ったという。
明治大正の山草ブームをリードした前田曙山は、スミレの価値を、
山路来て何やらゆかし菫草
の芭蕉の句に尽きると書いている。
愛でながら食うべきで、ワラビのようにムシャムシャ食うものではない。

ギボウシ（ユリ科）――山かんぴょう

北海道でギボウシというと原生花園で青紫色の美しい花を咲かせるタチギボウシが最も普通。全国では約四十種ものギボウシ類が分布する。名前の由来は昔、橋の欄干などの装飾に用いた「疑宝珠」からきている。そういえば、大きな葉の形もつぼみの形もよく似ている。漢字では「玉簪花」。つぼみを玉でつくったかんざしにみたてたものでなんとも女っぽくみえてくる。ギボウシは東アジア原産で、形も色も東洋的なので、西洋人のエキゾチズムを誘って今では、ヨーロッパやアメリカに広く栽培されている。特にカナダやアメリカ北部に愛好家が多くギボウシ協会もつくられて品種改良が盛んである。日本式庭園にはなくてはならない植込みで、山菜という

よりは観賞用園芸種といったほうが通りがよい。だから食べられるとわかっていても、観賞用の庭の草を摘むことは、飼っている小鳥を食べるようなもので抵抗がある。原生花園にたくさんあるからといってとるわけにはいかない。黄色いエゾカンゾウを陽気な男性とすれば、青いタチギボウシは優雅な女性というところ。この二つの花があってこそ原生花園は魅力がある。

しかし、見ているだけではまたもったいない草なのである。別名を「山かんぴょう」というだけあって、若い葉柄は多肉質で舌ざわりがなめらかでカンピョウによく似ている。ゆでてから干しておくとカンピョウの代用品として使える。アイヌの人たちもこの葉柄をきざんで、ご飯やかゆに入れて食べたという。樺太では、カエデやシラカバの樹液を発酵させて酒をつくり、これにタチギボウシの葉を干して細かく刻んで煮たものをまぜてドブロクとして飲んだそうだ。

ギボウシは、西日本ではタキナ、東北地方ではウルイといって山菜として利用されていた。ウルイは、ギボウシの葉がユリの葉に似ていることから「ユリっ葉《ぱ》」と呼ばれ、これが「ウルイッパ」さらに「ウルイ」と変ったものだといわれている。元禄時代に江戸で植木屋をしていた伊藤伊兵衛が書いた『草花絵前集』という園芸書には次のようにウルイが紹介されている。「うるい草、花も葉もぎぼうしという草に似たり、色うす紫と白色の二種あり、六、七月頃に咲く」とあり、ギボウシとは別物と思っているところが面白い。

古くから栽培されていたのに蔬菜用として品種改良されなかったのはなぜだろう。葉に残る苦味を除いたり、葉柄の部分を長く厚くするなどの改良を加えるとユニークな蔬菜になっただろう。

蔬菜とならなかった理由の一つには、ギボウシ類には種子のできないものが多く、これでは畑に大量につくるわけにはいかなかったのだろう。

今では、庭に植えられているものを、若芽の一、二本か花を味見程度に使うくらいのもので我慢するしかない。しかし、栽培種の中には中国原産のものもあり、古くから「中国から来たギボウシには毒がある」といわれてもいるので避けたほうがよい。このほか葉が苦かったりかたかったりするものもあるので注意が肝心。ギボウシの大きな葉は、昔から子供たちのままごと遊びの材料になっていた。女の子はこの葉をまるめて髪形をつくり、千代紙の着物を着せたりしてねんね人形として遊んだ。

ミツバ（セリ科）――日本が生んだ蔬菜

ミツバはもともと「三葉芹」といわれていたものが簡単にちぢまって「三葉」という名前になったもので、これからみてもセリよりは後から食べられるようになったものであることがわかる。セリが平安時代から栽培されていたのに対して、ミツバは江戸時代に登場したニューフェイスだ。一番古くは一六九六年（元禄時代）に出た『農業全書』に記載がみえるが、貝原益軒の『菜譜』（一七〇四年）にも、「昔は食わず、近年食する事を知りて市にも売る」と書かれている。日本で野生のものを蔬菜として栽培するようになったものは数少ないが、ミツバはそのうちの一つ。赤茎、青茎という栽培用品種もあって、栽培法にもいろいろ工夫されている。種子を密に播いて二、三

カ月で収穫するのを糸ミツバといい、一年中供給される。やわらかではあるが少し頼りなく香気にも劣るところがある。これに対して根ミツバというのは、前の年に株を養成しておいて、次の年の春早く土寄せして葉柄を長く伸ばしたものを根ごと収穫して出荷する。季節感をよくあらわす強いかおりと、しっかりした歯ごたえなどは、根ミツバのほうが優っている。この根はよく洗っててんぷらやキンピラに使えるが、畑のすみや鉢に植えておくと再生してきてもう一度食べられるようになる。非常に強い草で、根づいたらめったなことで枯れることはない。株植えしたミツバを軟化して根際から刈り取って出荷するものは切りミツバといっている。

中尾佐助氏は野菜と蔬菜を区別するのに、蔬菜は栽培されたもの、野菜は野生の草の中から集めてきたものと定義をしている。そうするとミツバは北海道では完全に野菜。山まで行かなくても、ちょっと湿り気のある原っぱにいくらでも見つけられる。その姿は栽培したものがスラリと白い足を伸ばしているのに対して、ずんぐりむっくりタイプ。全体が地面に伏したようで、太い根茎からすぐに葉をつけている。ミツバというと葉よりも白く伸びた葉柄を食べるものと思っている人には、山菜のミツバは勝手がちがうだろう。野生のミツバは根際からナイフのようなもので切りとり、寸のつまった茎と出たばかりの葉を食べるのである。栽培品にはない野生の香りと歯ごたえは、一度経験したらもやしのようなミツバとは別物だと思うようになるだろう。野生のミツバは小さいのでたくさん採るのには苦労するが、春先に落葉でもかけておくとけっこう茎もやわらかく長く伸びてたくさんとれるようになる。葉だけならばなんとか一年中食べられ、特にてんぷらにでもすればかたさを感じさせない。夏には白くて小さい花をパラパラとつける。この花もよい香りがして食べられる。塩漬けにすると夏に食欲のない人に好まれる。いまは各家庭にフリーザーが普及しているので、野生のミツバもさっとゆでてから冷水にさらしたあと、よく水をきってビニールの袋に入れて凍らせておくといつでも春の香りが楽しめる。乾燥しても保存ができるが、実などもスパイスとして使ってみたらどうだろう。

セリ科のものはいずれも強い香りがあって、セリやハマボウフウ以外にも、シャクやシシウドなどの若芽を摘む愛好家も多い。精油を取ったり、根を薬用にしたり役に立つ植物がある。ケーキの飾りなどに使われる緑色をしたアンジェリカは、日本ではフキの砂糖漬けを使っているが、本当はシシウドなどの若い茎を砂糖漬けにしたもので、シシウド属の名前アンジェリカをそのまま菓子の名前としている。

ワラビ（ワラビ科）――山菜とは俺のことだと拳あげ

外国ではワラビは食べないもの、と聞いていたが、最近出たアメリカの山菜ガイドブックには「サラダやアスパラガスのように食べる。高さ十五～二十センチの時に採り毛をしごき落とす。少量をサラダに加えるか、三十～四十五分間ゆでる」と出ていた。また、「最近の日本からの情報は、過剰なワラビの長期間にわたる摂取と胃ガンの高い発生との関係を示唆している」とも書いてあった。最近では海外でもワラビを食べようとする人が出てきたのだろう。英語では bracken という。

現在ではフキと並んで山菜の代表格になっている。山菜ソバや山菜茶漬などには必ずワラビが入っている。時にネマガリダケやウドの入ることもあるが、「山菜……」という食べものはワラビを主体に作ったものであると見てよい。全国の山野に広く分布しているから山菜の代名詞格にされるのも当然かもしれない。

食用としての歴史も古く、源氏物語にも「早蕨の巻」のあるのをはじめ、ワラビを摘んで人に贈る情景が描かれている。

君にとてあまたの春をつみしかば
　常をわすれぬ初わらびなり

ワラビの地下茎は良質の澱粉を含んでいて、たたいて水で晒しながら取り出す。食用にもなるし、これで作った糊は強く、番ガサを張るのに重宝された。この利用は現在でも山村の生活に残っていて、少し昔に戻れば広くおこなわれていた。たとえば、明治十七年発行の植物の教科書には「嫩芽ハ煮テ食ヒ又塩蔵風乾シテ食用トス。老茎ハ箸、籠等ヲ作ル駿河ノ名産ナリ。地中ノ幹ヲ掘リ採リテ粉トナス即チ蕨粉ニシテ糊ヲ製シ或ハ餅トナシテ食用トス」とある。ワラビの地下茎から澱粉を採る技術はずっと古くて、わが国に稲作が渡来する以前、すなわちドングリや野生のイモ類から澱粉を得ていた時代からのものだとされている。つまり、野生の澱粉源と、それを晒す豊かな水という環境から名付けられた照葉樹林文化の第一段階でクズやテンナンショウ類と共に日本列島の農耕文化の曙を支えたのがワラビであったわけだ。ところが、常緑のシイやカシの林の中にはワラビは育たない。開けた原野や山火事跡および森林の周縁部がワラビの主な生育地である。西南日本の植生は手を加えなければ照葉樹林に被われてしまうのだが、昔の日本では特に鉄の技術が渡来してから、製鉄用の薪や炭を得るためにこの照葉樹林を猛烈に伐った。土器を焼くためにも木が必要だったろう。日本における自然破壊のはじまりである。ワラビの生育できるような原野はこうした人為を加えつづけることで維持され拡大されてきたといえる。現代では牧場や草地もワラビに都合のよい環境である。

さて、ワラビの澱粉について、江戸時代の農学者大蔵永常は「豊後(大分県)日田郡で産出する蕨粉は年間で四斗入り百五十俵になり、百十三両と四匁になる」と言っている。水田の少ない山村で年貢を納めるために大変な量のワラビが掘られたことであったろう。

ワラビは山菜の中でもアクの強い方で、しかも生のままではビタミンB_1を破壊するアノイリナーゼという酵素を含んでいる。アク抜きは、切り口に灰をぬりつけて水に漬けたり、平らに並べて灰をふりかけ、その上から熱湯をそそいで放置したり、塩漬けにしたりという具合で、地方によって少しずつ異なる。アク抜きの技術こそ山菜を利用する第一歩である。ところが、数の中には変り者もあるようで、アクの全然ないワラビもあるのだそうな。こうなると、手のかかるワラビも、コゴミ並みに手軽に食うことができる。わが国シダ学の大御所である伊藤洋博士が、岩手県でアマワラビと呼んでいるのがこのアクナシワラビであると書いておられる。ワラビの栽培も各地で手がけられているから、どうせなら、こういう系統を選んで栽培するのがよいだろう。アクの少ないものを選ぶ、というのは山菜から野菜をめざして歩みはじめたことになるのだから大歓迎といえよう。

ワラビはマムシに強いという伝説があって、マムシに咬まれた時に「チガヤ畑に昼寝して、わらびの恩を忘るな」と三度唱え、わらびでこすってお湯に入ると治る（福島）、春先にわらびをつぶして足に塗ると、その年はマムシの害がない（愛知）等が伝わっている。昔マムシが昼寝していたら、チガヤが芽を出してその体を突き刺したが、その後からわらびが生えてきて、やさしくマムシの体を持ち上げて抜いてやった、という話からきているのだという。

民謡にもよく歌われていて、盛岡近辺の外山節には、

わたしゃ外山の日蔭のわらび、誰も折らぬでほだとなる……あんこ行かねがあの山越えて　わしと二人でわらび採り　蕨折り折り貯めたる金コ　駒コ買うとてみな使た……

明治の末の岩手の牧場の仕事歌である。

クサソテツ（オシダ科）——アクのない羊歯コゴミ

春の山歩きで、「これはコゴミですか？」と聞かれる物にはたいてい別のシダが混じっている。ほとんどのシダの若葉はクルリとこごんでいるから「コゴミ」でもよいのだろうが、山菜として美味なクサソテツを採るにはちょっとした観察が要る。

シダの葉柄（軸）には多かれ少なかれ鱗片がついていて、この色、形や着生位置等がシダを見分ける大きなポイントになっている。クサソテツの場合、この鱗片が淡褐色で数はそう多くはないから深緑色の葉柄がよく見える。間違えて採った別種のシダはたいてい鱗片が多く、葉柄の肌が見えないくらいに密生している。コゴミに間違えられたシダは、ミヤマベニシダ、オシダ、イノデ類などである場合が多い。いずれも毒ではないが、なにせ鱗片がモサモサしているので美味で

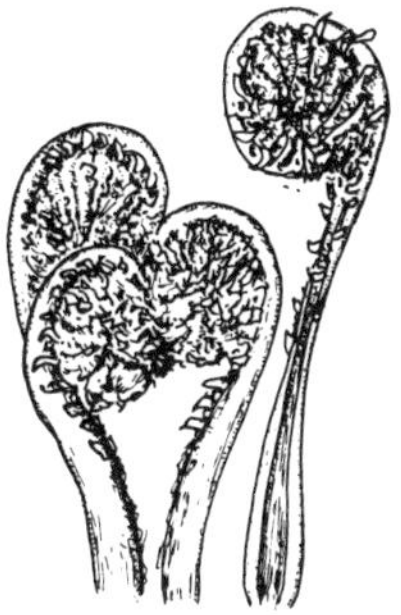

クサソテツ

はないだろう。

クサソテツは「草蘇鉄」の意味で、葉柄の基部が黒く残った太い茎にスラリとした葉を伸ばした姿を蘇鉄に見たてたものである。この葉には二種類あって、コゴミ採りの頃に出る葉は一メートルくらいに伸びるが、夏の終り頃になると三十〜五十センチくらいの黒くて開かない葉が出る。こちらを実葉（胞子葉）といって胞子ができるが、春の葉には胞子がつかないので裸葉（栄養葉）と呼んでいる。裸葉の方しか食べられないのはゼンマイやヤマドリゼンマイと同じであるが、人間にとって実用的であってもシダの方では大事な繁殖に役立たないから裸葉だということになる。

黒いかたまりのような茎を雁の足に見立てて「ガンソク（雁足）」とも呼ぶ。この地中の部分から地下茎を伸ばしてその先に苗を生じる性質があるのでクサソテツは群生することが多い。やや湿った土地を好むが、もともと丈夫な草なので、けっこう庭園にも植えられているのを見る。ここから「ニワソテツ」の別名もある。春の芽の時と淡緑色の大きな葉を拡げた様は大変きれいなシダであるが、秋になると葉が痛んでやや見苦しくなる。実葉は干したり、脱色していろんな色をつけたりして花材に用いる。食べてよし、眺めてよし、生花にも使えるのだから、庭に一株あるのもよいだろう。

昭和十五年に樺太で出された『手軽に採集出来る食用野草とその食べ方』という十六ページのパンフレットは、表紙にクサソテツの芽の写真を使っている。解説には、

「五　クサソテツ

俗名をコゴミと称し、廉売市場等にも五月下旬より六月上旬に掛けて売り出されることがある。エゾノエンゴサク・ニリンソウ・シャクと同じく樹蔭地内の湿地とか河岸近くに生ずるもので、ワラビ・ヤマドリゼンマイに十数日先き立って発生してくる。その掌の未だ開かぬものを用ふ。
用法　茹で、アク出しゝて胡麻和へとし、油揚と共に煮付けてもよい。乾燥したものは保存が利くがヤマドリゼンマイ・ワラビ等に比すれば味が落ちる」とある。

これで見ると樺太での発生時期は札幌付近に比べると一ヵ月近く遅い。

コゴミは一箇所でたくさん採れることも多く、ワラビやゼンマイのようなアク抜きの必要もないので東北地方から北にかけて代表的な山菜の一つになっている。特に和え物がよく、そのままてんぷらにしてもよい。わが国のシダの権威の一人である伊藤洋博士は「……その新鮮な緑色と歯切れのよさはすばらしいものである。このシダは北米東部にもあって、ワラビやゼンマイを食べないその地方でも、フィドルヘッド（バイオリンのさおの頭の巻いたところ）とよばれ、シーズンになるとニューヨークのレストランのメニューにも載るということである」と書いておられる。また、知里真志保博士の『分類アイヌ語辞典』では「ソㇽマ」「ソろマ」（裸葉）のアイヌ名と、「若葉を湯がいて汁の実にする、胞子を貯え米や粟や百合根に混ぜる、葉を焼いて粉末にし、火傷に塗る」という利用法を紹介している。

「コゴミ」の名はいうまでもなく若葉に着目して付けられたもので、東北地方を中心に、この利用の多いところで使われる。「クグミ」「コゴメ」「コウミ」「コウメ」と変化して使われることもあるが、離れて長崎県壱岐ではなぜか「ゴショバナ」と呼ぶそうである。

現代中国では「莢果蕨」「黄瓜香」と呼ぶし、アメリカでは ostrich fern（ダチョウのシダ）と呼ぶそうである。世界共通の学名は *Matteuccia*（マッテウチ氏）*struthiopteris*（花束のシダ）と付けられている。

タラノキ（ウコギ科）――木の芽の王者

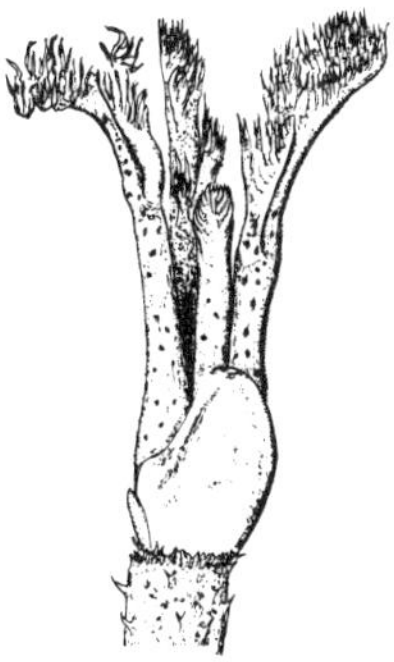

山火事跡地や伐採跡地などで日当りが良く、乾いたところに好んで生えるウコギ科の低木。丈はあまり大きくならず、高いものでも三メートルくらい、木肌は褐色で刺が多く、枝わかれの少ない細い木である。葉は大きくて、よく伸びると一メートル四方にもなることがある。刺が多いのと枝分れが少ない木なのでトリトマラズといわれることもある。ある程度かたまって群生するのが特徴で、伐採跡地で二十平方メートルに百本もかたまって生えていたことがある。

この芽が普通タランボといわれ、木の芽の王者といわれているもので、私の友達の中には、タランボの話を生つばを飲み込みながらする人がいるくらいである。

一度頂芽が摘まれると、また芽は出るには出るが、形も小さくなり、芽の勢も弱くなる。これさえ取ってしまうようだと樹勢が衰え、しまいには枯れてしまうから、たくさんとってタラ腹食うのはやめたいものである。山間の農村での言い伝えによれば、タラの芽一つ摘みとることは、坊主四人の首を切るに等しい罪悪だというのもこの辺のことを言ったものであろう。

この木は極端な陽樹で、周囲に大きな樹が侵入してくると、いつの間にか消滅してしまう比較的短命な木で、このような木のことを先駆樹（パイオニアツリー）という。シラカンバなども先駆樹の一つであるが、タラノキにくらべれば格段に長命である。

タランボを取るのには若干工夫がいる。素手でとったのでは痛い目にあう。タラノキは一年間伸びた分ごとに節をつくって成長し、前年に伸びた節間の最下部にはトゲがほとんどないので、この部分をつかんで取るのがコツである。自分の背丈より高いところの芽は、竿の先に針金の輪をつけた道具をつくる必要がある。しかし、元来薄命の木だから、あまり痛めつけないようにするのが山菜取りのエチケットというものである。

タラノキに似ているがトゲが太い割には幹が細く、芽もスマートな木が混って生えていることがある。これは高木になるハリギリ（センノキ）の幼木で、芽の味はタランボよりも大味で劣るが、クセもなくて食べられる。

タラノキはウドと同じ科の植物なので、芽の形はウドによく似ているが、生では食べられない。芽を火で焙って味噌か正油をつけてたべるのが通の人の食べ方というが、和えものや天婦羅が一般的な食べ方である。

根の皮を乾燥したものをタラ根皮、材部を楤木と呼び、糖尿病、腎臓病などの民間薬として使われる。同じウコギ科の植物であるチョウセンニンジンは万病に利くといわれ、野生の上等品には何百万円という値段がつくという。タランボの評判があまりにもよいので、近年畑で栽培しようという動きがあり、山梨県農業試験場ではタラノキの栽培化試験をはじめた。

ゼンマイ（ゼンマイ科）――高貴な山菜

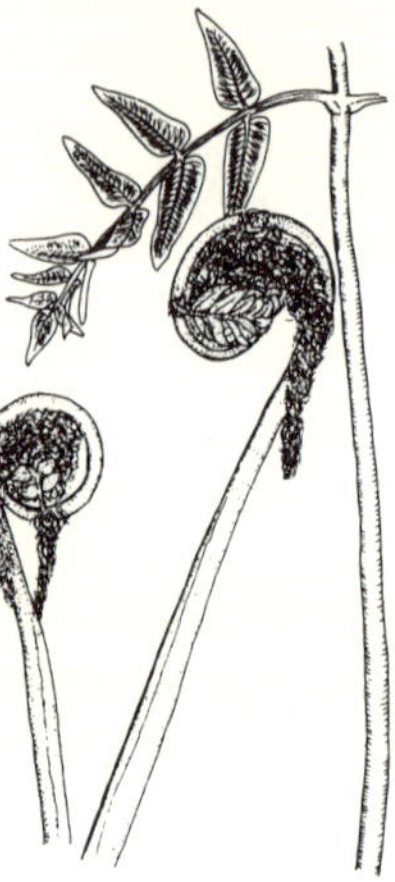

ゼンマイ、ワラビ、クサソテツがシダ植物の代表的な山菜である。シダ植物は、他の植物とはちがって種子をつくることがない。陰花植物ともいわれ、胞子によってふえる。この胞子をつくるもとの胞子体というのが、野山でふつうに見られるシダ植物で、種子植物と同じように大きく葉をひろげて独立して生育する。このところが同じ胞子でふえる仲間のコケ類とちがうところ。

シダ類の中でもゼンマイはワラビとはだいぶちがう。ワラビは「羊歯」という字のようにギザギザに切れこんだ葉をもっていて、葉の裏側に胞子のうをつける。ゼンマイは胞子のうをつける専門の葉が別にあり、大きくなる葉は栄養葉という。葉にはギザギザがなくつるりとした感じできれいである。シダ植物というと怪獣を想像する無気味さがあるものだが、ゼンマイは大きくなっても優雅である。外国でもハンサム・プラントだといわれ、英名にはロイヤル・ファーンというありがたい名称を頂戴している。漢字では「薇」と書く。

春早く、湿った林地にやわらかい毛につつまれてクルリとカールした芽を出す。この芽の形が、昔のお金「銭」に似ているので「銭巻」になり、それが訛ってゼンマイになった。鋼でつくられるゼンマイ仕掛は、この植物の特徴を使って名付けたものだが、今では、スプリングのほうのゼンマイのほうが有名になってしまって、ゼンマイの形をした芽を出すシダ植物などという失敬ないわれかたをする。

ワラビやクサソテツはどこにでもたくさん生えているが、ゼンマイは北海道ではそんなにたくさんはとれない。生えているところがワラビとはちがって、沢沿いや北斜面の湿った所だから、専門の山菜取りでないと行きたがらない。そのかわり、良いゼンマイは山菜料理店に高値で引き取られる。東北地方では山に小屋を掛けてシーズン中泊りこんでゼンマイをとる専門家もいる。道南の函館あたりでも、この風景が見られるという。何でも最も良いゼンマイは雪崩常襲地帯に出るものだそうで、地下足袋にアイゼンをつけ、岩角や蔓につかまりながら、それこそ命がけでゼンマイを集める。都会の料亭で小鉢に盛られたゼンマイの煮つけ一本一本に、こんな山村の人人の苦労がこめられていようとは知る人もない。山菜とは、野に遊んだ時の記念にほんの少し恵みをわけてもらうように、自分で採るものである。ゼンマイがどんな所に、どんな形で生えているかを知りもしないで、珍しい料理として食べても本物ではないと思う。

そうはいっても、食べものとしてのゼンマイは、良質の蛋白質を多く含み、ひなびた風味と共に一級の料理となるので、これからも、都会の人たちの一つのぜいたくとしてゼンマイは料亭で使われていくことだろう。

ロイヤル・ファーンは死んでも高貴さを残すというわけでもあるまいが、ゼンマイの枯株の茎や根を細かく切って干したものを、「オスマンダー・ルート」といってミズゴケなどと共に高級洋ランの植込資材として使われる。

ウド（ウコギ科）――ウド・サラダは世界的

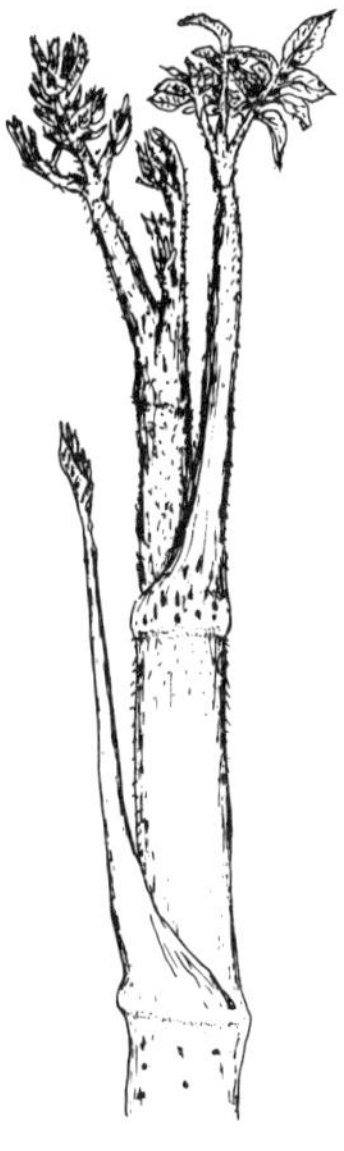

畑で栽培されて八百屋の店頭にもならぶので知らない人もいないだろうが、山野に自生するれっきとした山菜の一つである。太い茎をもち高さ二メートルにもなる大型多年草。木の芽の王者タラノキと同じウコギ科に属すのでツチダラの別名もある。漢字では「独活《うど》」と書くが生薬でいう「独活《どっかつ》」はシシウド（セリ科）の根。また「土当帰《うど》」という字をあてることもあるが、当帰は根が婦人病にきく薬用植物でセリ科。ウドの根も乾燥して煎じるとカゼの症状をやわらげる効果があり、強いかおりからいってもセリ科なみというところだろうか。

栽培植物にはそれぞれ起源となる野生種があって、長い年月をかけて品種改良がつづけられてきたものであるが、日本の野草から蔬菜に改良されたものは数が少ない。ウドはその数少ないものの一つで、日本人が十七世紀頃から栽培した日本独特の蔬菜ということができる。江戸時代には軟白栽培もおこなわれるようになって現在みられる白くて長いウドができあがった。英語でもUDOといって、ウド・サラダの愛好者も世界にひろがっているという。ウドの栽培は東京、京都、愛知がさかんで東京の生産量が全国一である。京都の品種は晩生種だが、東京では早生種が好まれる。寒独活と呼ばれる品種は、北海道七飯町の産で十一月中旬には芽がうごき出し、二月まで軟化した茎がとれる。北海道の寒さに慣れたこのウドは、東京付近の畑では年が変らぬうちにもう春が来たと思うのであろうか。すっかり肌は白くなった山の娘の律気さに似て、何かいじらしさを感じさせる寒独活である。

北海道でウドといえば山菜のウドで、五月までたっぷり冬ごもりをした野生児が、たくましい芽を伸ばし春を謳歌している感じで、味も香りも栽培物よりもずっと強烈である。

数ある山菜の中では、珍しくもっぱら生のまま食べられ、酢や味噌によく合う。香りを味わう食物の代表格で、強い香りを生かす料理でなければならない。香りが強いだけに人によって好ききらいが多い。特に子供にはきらわれ、ニンジン、ピーマンと共に子供の嫌いな三大食物となっている。これは昔からのようで、江戸時代の俳人、許六の句に

うらやまし　歳の若さの　うど嫌い

とあるのをみてもうなずける。ウドの味がわかるような自分を喜んでよいのか、悲しまなければいけないのか複雑な気分になる。

昔から「ウドとニシン」という好組み合わせを意味する諺がある。実際にウドの料理にはニシンを付合わすことが多く、ウドの酢のものにニシンの酢づけをつけると両方の味がひきたったり、煮物にもウドとジャガイモ、切り干大根、ニシンの組み合わせで使われたりする。こんなことから、ウドを男、ニシンを女にみたてて夫婦仲のよいことを意味する諺にもなっている。ウドにはアスパラギンが多く含まれ疲労回復に効果があるというから、これも夫婦仲を良くする原因になっているのかもしれない。

日当りのよい所だと三十センチも伸びると茎はかたくなる。春遅くにもうかたくなったウドを切り倒し、茎の中の髄の部分だけとりだして食べる人もいるが何だかかわいそう。ウドはやはり春先の芽だけにしておきたい。大きくなってから食べるのには、葉や花のてんぷらがすすめられる。

「ウドの大木」という言葉があるように、夏の山ではウドは二メートル以上にも枝をはって、意外な大きさに驚かされる。しかし、「ウドの大木」は役に立たない大きな物という意味で使われ、ウドほど有用な植物を引き合いにするのは合点がいかない。二メートル以上にもなるウドだが、木とはちがうので杖にもならないというつもりだろうが、大きくたって草は草、木の代わりをしろというほうが無理というもの。さらにウドを弁護すれば、「ウドの大木」はウロ（空）がウドになまったもので「ウロ（空）の大木役立たず」というのが正しいという説もある。どんなに大きな木でも、中に穴があっては折れやすくて使いものにならないというたとえだが、このほうがもっともらしくていいし、ウドの名誉回復にもなる。

ハマボウフウ（セリ科）――刺身に添えて

ハマボウフウは砂浜に見られるセリ科の多年草で、砂の中深く太い真っすぐな根を伸ばしている。この芽は冬の間は砂の中に埋まっていて、春になると葉を出し、茎を伸ばして花を咲かせ、実を結んで秋には地上部が枯れる。これを毎年くり返しているとだんだん冬芽が砂の上に出てきそうなものだが、毎年同じくらいの深さに芽ができる。砂上に冬芽が出てしまうと、寒さはこたえるし強い風や飛砂で痛めつけられ、生存があぶなくなるから、長い根が上に伸びた分だけ根全体が下に引っ張られたり縮んだりして大切な芽がとび出さないよう調節している。ハマボウフウに限らず厳しい冬を越すために植物はさまざまな工夫をこらして冬芽を保護しているわけで、その方法は気候の種類と大きな関係を持っている。このことに注目して植物の生活条件の不良な時

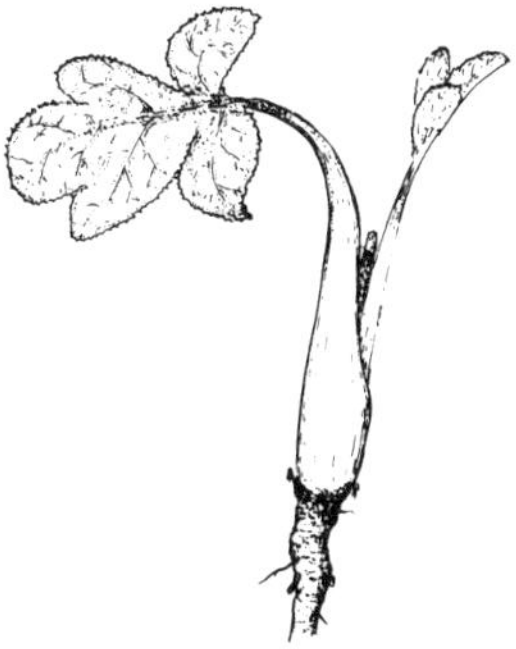

期の形から生態学上の区分を作りあげたのはラウンキエーであった。ハマボウフウを採るために砂を掘る時には、せめてこの草の生態的な努力を汲んでほしいもので、それがわかれば葉柄についた砂を洗い落とす手間くらいは惜しくないはずである。

別名にヤオヤボウフウがあるように、栽培も古くからおこなわれ、現在の主産地である埼玉県川口市の鳩ケ谷では、徳川中期に鹿島灘から種子を取り寄せて作り出したそうである。元禄十年（一六九七年）に宮崎安貞の手に成った『農業全書』には「……茎を取りてわりて膾の具に用ひ、或は酢にひたして食ふ。甚だ其香よく味よし」と用途を示した後「実を取りて砂地の畠に種へて少し手入れすれば、よくさかゆるものなり。大邑に近き所は、多く実を蒔きて作り、市町に出すべし」とある。すでに近郊野菜として十分採算のとれるくらいの需要があったにちがいない。

北海道の海岸にはまだまだたくさんあるから本州のように栽培する必要はない、と考えていたのは昔の話で、今や石狩海岸などでは文字どおり「根こそぎ」にする輩が増えて、ハマボウフウは危機に瀕している。これは、若芽ばかりでなく、中国産の名高い薬草「ボウフウ（防風）」と混同して薬用に根を掘り取ったことも手伝っている。

栽培される「野菜」はタマネギのように非常に歴史の古いものもあるが、穀物にくらべるとずっと新しいものが多い。同じセリ科のニンジンも西アジアの果樹園の雑草から作られたものだそうで、この原種は根が小さいだけで全体ニンジンにそっくりである。近頃は本道にも道路の法面などにすごくたくさん帰化している。和名では「ノラ（野良）ニンジン」と呼ぶ。

「科」として見ると野菜を多く擁しているのはアブラナ科とユリ科であろう。セリ科も結構多いのだが、この中にはハマボウフウと同じようにセリ、ミツバ、アシタバといった野菜とも山菜ともつかない一群がある。野生のものをキチンと保護しながら利用し、栽培の面で良い物をたくさん作り出す、わが国の園芸家の腕を大いに期待したいものである。アメリカのバーバンクが手がけていたらハマボウフウの栽培はもっともっと世界に広まっていたかもしれないと思う。セリ科にはハマボウフウを含めて、「山菜から野菜へ出世」(?)の可能性のある植物が多いのである。

海岸の砂地に生ふる浜防風ぬきに来といふなほ十日過ぎ　(岡　麓)

この歌は春の歌であろう。

ねむるもの赤き蜻蛉とわが君と浜防風に真白き砂に　(吉井　勇)

こちらは晩夏を思わせる。浜防風を中心にまったく異なる海岸の情景が浮んでくる。

アイヌの人々はこの植物にあまり興味を持っていたとは思われない。

最近出た北海道の薬草に関する本に「アイヌも病神の魔除けにしたり、胸痛、頭痛、腹痛などに用いていた」とあるが、少々疑問である。

寛政四年上原熊次郎の編になるアイヌ語集『藻汐草』には「防風に似て　ウライバウシ　ケンタポロ」という項目があるが、これがハマボウフウかどうか不明である。天明六年、佐藤玄六郎の『蝦夷拾遺』には「防風(ヲタシウキナ)」と記されていて、知里博士によると、**ota**(砂浜)**siwkina**(エゾニュウ)の意味でハマボウフウであるという。

タケノコ（イネ科）――遭難にご注意

山歩きにササの藪こぎがなかったら、どんなに楽になることだろうか。強くてしなやかな稈は脚といわず顔といわずたたきつけるし、切り株はゴム長をつき抜くほどに鋭い。おまけに、何時広い視界に出られるのかという不安がつきまとう。ネマガリダケの藪こぎは特につらいものである。

明治三十五年の一月、青森県筒井村を出発して八甲田山西方の田代温泉に向かった青森五連隊の二百十一名が吹雪に遭って八甲田山前岳の北斜面に迷い込み、竹藪中に入って進退きわまりほぼ全員が凍死する、という事件がおこった。この竹藪もネマガリダケであった。「八甲田山死の彷徨」である。こんな大事件でなくとも、山菜採りで遭難するのは、山菜採りで遭難するのは、タケノコとりで方角を見失って動けなくなる場合が多い。

ネマガリダケは「竹」の名があるが「笹」の一種で、学術的にはチシマザサと呼ぶ場合が多い。「笹」であることはタケノコの皮にあたるもの（稈鞘）が一年では脱落しないので、モウソウチクやハチクなど「竹」の仲間と区別される。日本は世界でも有数な竹と笹の国で大変に種類が多い。チシマザサは北海道の山に普通に見られ、東北、中部日本の山岳地帯から南は島根、岡山県に及んでいる。南に行くほど、高い所、七百メートルくらいの山でないと見ることはできない。

このチシマザサの芽生えがいわゆるタケノコで、北海道にはモウソウチクの林がない（松前などごく一部にはある）から、タケノコというともっぱらこれを指す。わが国で経済的に栽培されるものはモウソウチクだけで、床板を破ったり、隣の庭から越境してくるという話はこのタケである。栽培されてはいないが、あらゆるタケ（笹を含めて）の中で最もうまいのがネマガリダケのタケノコであって、新鮮なものを食べたことのある人ならだれでも一致できる評価になっている。

採ったばかりのものを火であぶる「焼き筍」、おでんの煮物、薄く切って各種の和え物や煮つけ、味噌汁、鍋物、ウドやワラビとの山菜漬など、どれをとってもネマガリのタケノコは北海道の山菜としては王様のような存在である。ビン詰などで保存しても味が落ちないのもネマガリの強味である。

本州に比べて、その豊富さを誇った北海道のネマガリダケも、昭和四十八年頃から各地で開花、枯死の現象が目立ち出し、五十年には広い面積で開花、結実、枯死するに至った。野ネズミは増える、天変地異の前ぶれでは等、いろいろな話題を生んだが、翌年からタケノコの値段がはね上ったのは事実であった。枯れたササは種子や生き残った節から再生するが、タケノコが採れるようになるまでにはまだ時間がかかりそうだ。林業試験場北海道支場の研究によると、枯死域は森林被度が五〇%以下のところに多く、光量が多いことが関係しているのではないか、ということだそうだ。タケノコの採りすぎかどうかは触れていない。

タケノコの季節が終ると、細いササの若葉を上手に引き抜いて、柔いところを生でかじったり、クルリと結んでてんぷらにして食べることができる。

ササの葉は昔から利用されていて、主に防腐剤の役割をしている。チマキや笹団子、越後の笹飴等は有名なものである。今はほとんどビニールに替った鮨や刺身のササの葉は、もともとこうした防腐の目的で添えられたものだ。さらに、名産イカの加工で悪臭公害に悩んだ函館市では、イカの内臓に五〜一〇%のチマキザサの葉を刻んで混ぜると一カ月以上の防臭効果を示すことを見出した。こうした効果はササの葉に大量に含まれているビタミンKやクロロフィルの働きによるのではないかと考えられている。

こんな効力のあるササの葉をお茶代わりに飲む地方もあって、健康に大変良いそうである。青竹に酒を入れ、竹ごとあぶって飲む宮崎県高千穂のカッポ酒、奈良のお寺で飲ませる青竹の盃の酒などはガン封じに効果ありともいわれている。

竹、笹の材の利用も、物干しざおから焼鳥の串まで多様であって日本の文化の一側面を支えている。ネマガリダケも二メートルを超えるくらいのものが刈られて、家庭菜園や農村に売られる。高級菜豆の支柱には、ビニールの人工支柱ではからみが悪く、やはりネマガリダケの方が良いのだそうだ。東北地方あたりでは、曲げ物にしていろいろな民芸品を作る。

ネマガリダケは根元で稈が曲っているからついた名前で、冬の積雪で曲るのだと思われている。実際は地下茎が少し伸びると、その先がタケノコとなって曲りながら伸びるからである。これはモウソウの筍とちがって地面から真直ぐ伸びる筍のないことはネマガリのタケノコ採りをしているとよくわかる。チシマザサは千島列島に生えるササの意味で、ラテン語の学名も *Sasa kurilensis* で「千島のササ」となっている。

本州のタケノコ採りは、持ち主のある竹藪に忍び込むから「タケノコ盗り」であるが、北海道の場合はそれにくらべて天然の山だから解放感に満ちている。唯一の欠点は、収穫のうち、皮と根元の硬い部分を捨てると、大変な損をした気分になることである。

ニセアカシア（マメ科）——花房のてんぷら

ニセアカシアは明治八年に津田仙によってわが国に持ち込まれた。

このニセアカシアが北海道に来たのは明治十八年で、『札幌区史』（明治四十四年）は次のように記している。

「路傍樹

……後明治十八年五月に至り始めて路傍樹の設計あり。大書記官佐藤秀顕の著想に出で、区吏に命し、先づ東西通路は南四條迄、南北道路は先づ西四丁目に、明石屋《アカシヤ》、櫻、柳等を二間の距離を保ちて両側に植樹し、漸を以て、全市街に及さんとする計画を立てたり。當時市民未だ路傍樹の必要を感知せず、児童は花を摘み枝を折り、戸戸秋季落葉の掃除を難とし、苦情交々起り、其伐除を迫る者あり。因って其歳十月若し路傍樹を毀損する者あらば之を処分すべく、児童は父兄に於て之を取締るべき旨諭告せしが、當局者も後遂に止むなく之を自然に放任し唯停車場通(西四丁目)の両側のみの維持に力め、樹下に牧草を播種し、柵を結ひて人道車道を分ちたりき……」

明治二十二年にはアメリカ帰りの宮部金吾博士が「路傍樹の必要性について」啓蒙的な演説をしている。博士は「札幌の路傍樹はエルム(楡)がよい」と言われたが、今や「明石屋樹」は札幌の街路樹の代表格になってしまった。現在でも街路樹は、落葉ばかりでなく、日陰になったり、除雪の邪魔になったり、電線にかかったりで嫌われることも多く、「未だ路傍樹の必要を感知」されているとは言い難い。都市計画や道路の利用等をしっかりして、伸び伸びした道路並木を作らないと宮部博士の演説を活かしたことにはならないだろう。

ニセアカシアは根で殖えることができるし、マメ科植物に見られる根粒菌による窒素の固定をするので、やせた土地でもよく育ち、よくふえる。鳥取砂丘でも、砂止めのマツに混じって植えられている。繁殖力が強いので、自然の山野にも広がっており、帰化植物といってもよいほどになっている。函館本線の駒ケ岳の北側や、手稲山の山麓には一面のニセアカシアの森が広がっている。

ニセアカシアの山菜(?)としての利用は若芽と花房である。マメ科植物は一般に豆に毒を持っていて生では食べられないものが多いが、若芽はよく食べられる。シロツメクサ、アカツメクサ、ナンテンハギ、ハギ、ハマエンドウ、アルファルファ等家畜の飼料となるものは人間でも利用できる。ニセアカシアの若芽も同様だが、アリマキの類がよくついているので注意を要する。花房は、まだ花の開かぬものを房ごと薄い衣をつけててんぷらにすると誠に美味で、最近流行ってきた。フジの花房も同様に食べられるが、この方は少し苦いという。前記のマメ科の花も同様てんぷらにできる。また、花をばらして、さっと熱湯を通したものを三杯酢等にしても、ほのかな甘味があって良いものである。

『蝦夷歳時記』の編者、佐々木丁冬さんは「札幌地方の（ニセアカシアの）開花期は平均6月12日ころ」と書いている。大体札幌祭りの頃が花のてんぷらの食べ頃ということになる。近年、この時期は雨がちで少し肌寒く、

アカシアの花房おもき雨後の風　（渡辺星津子）

という風情である。

札幌のニセアカシアの花を歌ったものに北原白秋の「この道はいつか来た道……」が知られているが、北大恵迪寮の名歌「春雨に濡る」は「春雨に濡るるアカシヤ花、街路《とほり》の灯《ともし》はなやかに、地は銀鼠にたそがるる」と歌い出される。白秋の詩は大正十五年、恵迪寮歌は大正十二年、何か時代的なつながりがありそうだ。

ニセアカシアは学名の *Robinia pseudo-acacia* の後半を意訳したもので、東大植物学教室の二代目教授、松村任三氏の命名といわれる。他に「ハリエンジュ」の名もある。「アカシア」はアフ

リカでゾウやキリンの食料になり、最近切花に使われる熱帯木の総称だから、ニセアカシアに使ってはいけない、いや、ニセアカシアではかわいそうだし、先に「明石屋」の名を用いたのだし、札幌市民は「アカシア」に馴れ親しんでいるのだからそのままでよいのだ、という議論が最近また盛んになっている。昔もこの種の詮議があったようで、宮部博士は「ロビニア」と呼べばよい、と言われた。「ぼたんゆり」といわずに「チューリップ」と呼び、「かがりびばな、ぶたのまんじゅう」といわずに「シクラメン」と呼ぶのと同じようなもので、要するに *Robinia pseudo-acacia* を指していることがわかればそれで十分である。

この木の方言名を見ると、やはりアカシアが一番多く、他にエンジュ、ハリアカシヤ、イヌアカシヤ、ホソキ、アカチャ等があり、長野県のある地方では、バラノキ、ナガタカバラと呼ぶそうである。ナガタカは砂防工事にニセアカシアを植付けた関長堯《ながたか》という人の名前からきているそうだ。

英語では、bastard acacia, locuse, black locuse, false acacia 等と呼ぶ。

明治の末に札幌農学校に学んだ川上瀧彌はわが国の花物語の嚆矢ともいえる『花』で「往年津田仙氏の盛に其栽植を奨励せられたる舶来樹にて我国多く之を栽ゆるの地あるを聞かねど、北海に遊ぶ旅客が長駆石狩の広原を横《よこぎ》り来りて札幌に入らば、坦々砥の如き街路の両側に、欝蒼たる樹木の眼を楽ましむるものあるを見ん、是れ即ち此樹なり。若し初夏六月の候、新緑滴り藤花状なる雪白の花冠枝頭に垂下し、馥郁たる芳香の風に薫ずる時、誰れか美はしき自然の精華に驚かざらんや」と日本中に紹介した。

タモギタケ（シメジ科）――金色に輝く春のキノコ

北海道では、ラクヨウ、ボリボリに次いでポピュラーなきのこである。きのことしては珍しく六月頃から、ハルニレの枯れた幹に派手な黄金の大株をつけるのでよく目立つ。

北大の植物園には樹齢数百年にもなるようなハルニレの古木が多い。入口のすぐそばの大木の枯れたところにタモギタケがたくさんつく。採取は一切禁じられているから門のそばにあってもだれも採らない。東京から来たお客さんを案内して「これはタモギタケ、ヒラタケに近い種類の食用茸でクセがないのでどんな料理にもよく合う……」と説明したところ、木に生えているきのこをはじめて見たその人は、「さすが大学の植物園だ、野生のきのこの見本までつくっている」と

大層感心されたことがあった。タモギタケは割合早く虫がついたりくずれたりするので植物園のものも、展示用でもう食用にはできなかったのかもしれない。それにしても、職員の人たちもよく採らずに我慢したものだ。北大農学部の正面玄関前のハルニレの古木にもよく出たそうでこちらは職員や学生が競って採ったという。

ハルニレの大木の枯枝には、タモギタケがついていても、なかなか採れない。長い竹竿を持出したりするが、それでも採れない時には眺めているよりしかたがない。明るいレモン色をしたタモギタケがたくさん重なりあって高い所にあるのは壮観でさえある。札幌ではハルニレの自然林はどんどん姿を消してしまった。今では、ハルニレの木の下で何とかタモギタケを採ろうとして大人たちがワイワイ騒いでいるというような風景は街からみられなくなった。

タモギタケはアイヌ語で「チキサンニ・カルシ」という。「ハルニレ・木・きのこ」の意味で矢張り「タモギ・タケ」である。

ヒラタケと同じ属なのでよく似ている。茎はカサの片方にだけつき、日覆い状に重なって大株になる。カサは大きなものは十センチを超え、表面は黄色だが中は白色、ヒダもやや黄色味をおびるという程度。胞子を黒い紙の上にとっても色はついていない。ヒダはまばらで荒い感じ、茎にそって斜に垂れてついているのが特徴。もっとも、初夏に黄色いキノコで毒なものはみあたらないから安心して採れる。黄色いシメジという意味でキシメジという別なキノコがあるが、これはツバもツボもなくて、針葉樹林の地上に秋に出るキノコ。タモギタケとちがってヒダや茎が黄色でカサの上は中央がやや赤味がかっている。黄色いキノコで木に出るものといったらまずタモギタケに間違いない。

タモギタケは味といい歯ざわりといい一級のキノコである。淡白なので油いためなどにするとおいしくなる。大量に採れるので、干して貯蔵したり、塩漬けにしたりする。貯蔵用には、あまりカサが開かない若いものを選んだほうがよい。しかし、最近ではタモギタケも一年中マーケットにみられるようになり、貯蔵する必要もない。ヒラタケと同様に人工栽培されるようになったからである。ヒラタケを人工栽培すると、貝がらを立てたような野生の姿とは似ても似つかぬ、ヒョロヒョロと茎を伸ばしあたまにへこんだカサをつける妙なかっこうになる。タモギタケの人工栽培品も、形はよく似てヒョロヒョロだが、色は黄色に仕上る。タモギタケもヒラタケも、栽培されたものは何とかシメジと地名やら農協の名前をつけて店頭に出されている。シメジという名はよく知られていて、この名前をつければ食べられるキノコの代名詞であるかのように思っている。同じシメジ科の仲間なら許してという気かもしれないが、担子菌類、マツタケ目、シメジタケ科というと、われわれがふつう野山でキノコ狩をするほとんどのキノコが入ってしまうくらい幅広いものである。キノコにはそれぞれ固有の名前があるのだから、栽培品といえどもきちんとつけてほしい。よけいに売りたいためにヒラタケやタモギタケをみんな○○シメジにしてしまうのは、不当表示だし、自然科学教育の面からものぞましくはない。キノコを人工栽培して一年中食べられるようにした技術はすばらしいもので、堂々と本名を名乗り、野生種とのちがいや、人工栽培のむずかしさなどを解説して宣伝したほうがよいのではないか。ニレの大木に生えて、バックの青空に透かすと金細工の宝物のように見えるタモギタケを、魔法のビンで小さくしてだれの手にもわたるようにしましたといわれたほうが、ニセシメジの正体は何だろうと思いながら食べるよりもずっとロマンチックではないか。

クロミノウグイスカグラ（スイカズラ科）――ビタミンCの宝庫

今は苫小牧駅のほうが有名になったが、室蘭本線の沼の端駅でハスカップ羊羹というのが売られていて評判がよかった。これは、勇払原野に群生するクロミノウグイスカグラの実を使った羊羹であり、沼の端はその中心地であった。東北地方では、亜高山帯に生える低木だが、北海道では勇払原野のような平地の湿原にみられる。

勇払原野は、八千年くらい前までは海であった。海の幸にも山の幸にも恵まれた所で、北海道にはめずらしい縄文人の遺跡が数多くある。今のような湿原になったのは約四千年前のこと。アイヌの人々も、サケやエゾシカの豊富な勇払に住みついて、アイヌ語で「エノミタンネ」というこのクロミノウグイスカグラも好んで利用した。方言でクロミノウグイスカグラのことを「ユノミ」「ヨノミ」というのはアイヌ語から由来するもので、一説にあるように果実の形が湯飲み茶碗に似ているからユノミといったというのは間違いである。

カスピ海と黒海の間、コーカサス山脈の麓に、世界の長寿国として知られるアゼルバイジャン共和国がある。ここにもクロミノウグイスカグラが群生しているという。そして、ハスカップを常食していることが長寿を保つ秘訣だと説明されている。

第二次世界大戦の後、シベリアに抑留された日本人捕虜は、厳しい労働とひどい栄養失調のために悲惨な状況にあった。春から夏にかけては、食べられる野草や木の芽を集めて、やっと命をつないだという。そんな時、八月に実るハスカップの実を食べると、不思議に力が湧いてきて、祖国の土を踏むまでは頑張るぞという気力が満ち、一年一年をのり越えて来た……と話してくれたのは、千歳市にある林東ハスカップ園の芳賀さん。「これはハスカップに多く含まれるビタミンCのおかげ。野菜で最も多いパセリの二倍、果物で一番多いイチゴの五倍はある、この大量のビタミンCが疲労回復に効果があったのだ」と解説してくれた。林東ハスカップ園では、昭和二十八年からクロミノウグイスカグラを移植栽培し、完熟した実から独特な方法でハスカップ原液をつくって販売しているが、長寿と健康と美容をねがう人々でけっこうにぎわっている。

今は亡き世界的な植物学者舘脇操博士の、若い頃の千島採集旅行には、青春の記念のような甘ずっぱいハスカップの飲みものがいつも出てくる。ロマンチストの先生には、千島で会った美しい女性の面影とだぶって、ハスカップが想い出されていたのだろう。

千島では別名をネズミフレップといっていたという。樺太では、川に鱒が登る頃に熟すのでマスフレップともいわれた。フレップというのは正確にはアイヌ語でコケモモの実を指すが、普通小果実を総称してフレップというようなところもあり、クロウスゴやクロマメノキ、エゾクサイチゴなどの実もフレップといわれていた。

和名のクロミノウグイスカグラの語源にはいろいろな説があって、ウグイス隠れからきているとか、ウグイス狩座（かくら）、小鳥をとるための場所という意味からつけられたというのもある。これらは、クロミノウグイスカグラのような実のなる低木が野鳥の最も好む場所であることをよくあらわしていて興味深い。また、ウグイスの鳴く頃花が咲くカズラだという説もある。

スイカズラは「吸い蔓」で、花の形が吸う口のようだからとも、子供が好んで花の蜜を吸うからともいう。これは英語でも同じ発想で honey suckle（蜜吸い）という。

学名は、食べられる青いヒョウタンボク属という意味でつけられているが、熟した実は青みがかった黒が特徴。しかし、藍黒色の実をホワイトリカーに入れて果実酒をつくると紅色になるから不思議だ。ホワイトリカー一・八リットルに一キログラムも実を入れると砂糖を入れなくても飲めるようになる。ジュースによし、ジャムによし、まことに木の実の女王といえる風格がある。

クロミノウグイスカグラの群生する勇払原野は、苫小牧東部工業基地になる予定地である。不毛の原野を開発して世界的規模の工業基地をつくるという。しかし、勇払原野はハスカップが実るだけでも不毛とはいえないだろう。むしろ日本には貴重な北国のロマンあふれる原野であって、縄文人からの遺産をひきつぐことのほうが大事ではないだろうか。絶滅寸前のハスカップのためにも、原野の植生を残しながら工場をつくるというわけにはいかないものであろうか。

キイチゴ（バラ科）――本格的な栽培開始

初夏の味覚であるイチゴは正しくはオランダイチゴと言って十八世紀の中頃にオランダで北米産のヴァージニアイチゴと南米産のチリーイチゴとの交配によって作り出されたものである。日本には約百年後の江戸末期にオランダ人によって伝えられた。したがってそれ以前の日本には草苺というものはなかったことになる。かなり小形になるが野生のイチゴはわが国在来のものもあって、モリイチゴ（シロバナノヘビイチゴ）、ノウゴウイチゴ、それに北海道の一部に帰化しているエゾヘビイチゴ等がある。前二者は本州でも相当高い山や深い森林に入らないと見られないの

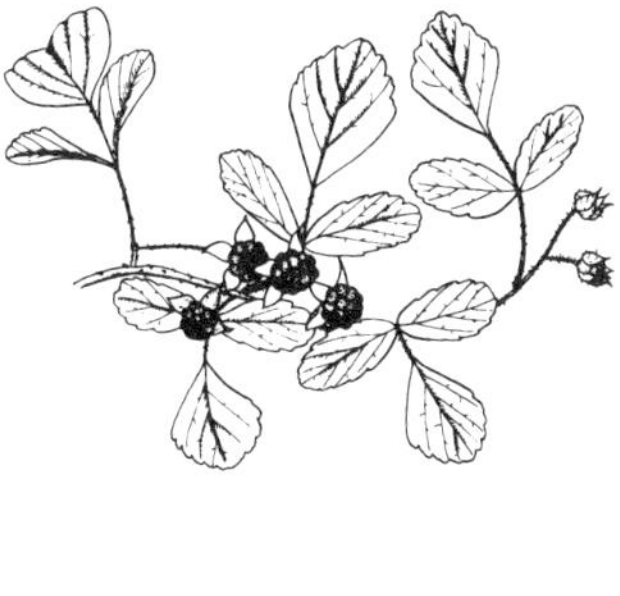

で、江戸時代以前の人の目にそう入るものではなかった。

古い時代にイチゴと呼ばれたのは、以上の理由からキイチゴのことである。キイチゴは「木苺」で「草苺」に対する名であるが、中には背が低く草のように見えるものもある。日本全国の野山に広く分布していて四十種にものぼり、そのうち本道には十三種ほどが見られる。だからキイチゴの名で呼んでも、その実物は地方地方で異なるはずである。

日本人が農耕生活をはじめ、採集と併用していた時代の遺跡からキイチゴの種子が出るといわれるから、古くから利用されていたことがわかる。現在でも関東地方等ではカジイチゴという名のキイチゴを庭に植えることが多い。このキイチゴには刺がなく、初夏から長い間にわたって黄色い水々しい実をつける。

こういう実績がありながら、日本人はついにキイチゴを栽培化するということをしなかった。野生種が豊富だったためか、貯蔵法や加工法が開発されなかったためか、日本での小果樹はまったくといってよいほど育成されていない。日本産ベリーと呼べるのは桑の実ぐらいのものであろうか。最近注目されだしたラズベリーをはじめ、ブルーベリー、クランベリー等のヨーロッパで改良された小果樹の原種に近いものは日本にもたくさんある。

北海道で一番普通に見られるのはナワシロイチゴで苗代のある頃に花が咲くからこう呼ばれる。現在の苗代は四月から五月にかけて作られ、以前より一カ月くらい早くなっているので、この頃にはまだ咲いていない。夏の終り頃に果実が熟し、真赤なルビーのように光る。未熟のものは強い酸味がある。

少し山に入ると幹に赤茶色の細刺の多いエビガライチゴがある。八月中旬には赤橙色に熟し、大変甘味があるが、ナワシロイチゴにくらべると少し小粒である。これに似てずっとトゲの少ないものがエゾイチゴやクマイチゴであるが実はずっと小さくなる。

泥炭地には、まるで草のように見えるホロムイイチゴが実るし、山地にはヒメゴヨウイチゴ、二、三粒しかつかないコガネイチゴの実るのが見られる。実に多種多様のキイチゴが野山にあるのだから、もっと利用したいものである。

キイチゴの実は集合果で、花托のまわりに多汁な果実が集まったもので、ひとつひとつにツブツブの種子がある。一方オランダイチゴの仲間は多肉化した花托が赤くなって、その表面にツブツブの果実がたくさんついたものである。同じイチゴでも食用部分は異なる。

キイチゴの仲間でも、集合果と花托が離れやすいものをラズベリーと呼んでおり、日本にあるイチゴはいずれもこの類に入る。一方集合果と花托が離れにくく、熟すと花托ごと落ちるのをブラックベリーと呼んでいる。これは明治初年に「黒苺、ブラッキベルリー」の名で導入され、札幌官園でも試作され好結果であったことが記録されているが、その後放置され、ところどころに半ば野生化したものが見つかっている。神戸、軽井沢等外人に縁のある所である場合が多いようだ。前記のようにラズベリーもブラックベリーもヨーロッパで改良されたキイチゴで三センチくらいの長さの実がなる。ラズベリーは北海道農業試験場で再導入され、栽培法の確立と普及がおこなわれている。ジャムやジュースが家庭で手軽に作られる時代になったから、今度は定着するだろう。

オニグルミ（クルミ科）――リスの好物

クルミは人類がまだ採集狩猟生活をしていた時代からの重要な食糧の一つで、日本でも縄文式遺跡から凹石というクルミ割りの石器が発見されている。凹石はクルミだけではなく、クリやドングリなどの木の実をつぶすのにも使われた重要な石器であった。人間が道具を手にするようになってまず挑戦したのがクルミ割りであったことをみても、クルミの食糧としての魅力がわかろうというもの。クルミのような核果の食べる部分は子葉であって、芽が出てからある程度大きくなるまでの栄養を全部貯えているところ。だから卵や乳にも相当する優良な食品といえる。

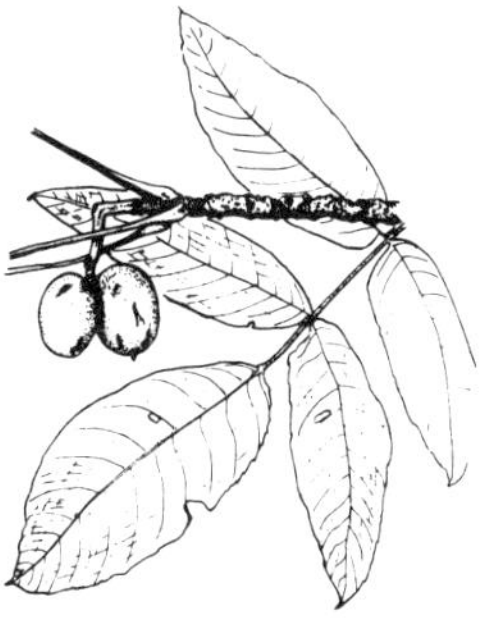

オニグルミ

日本に自生する食用クルミはこのオニグルミとヒメグルミだけだが、栽培にはアジア西部原産のペルシャグルミが使われる。同じクルミ科では、ヒッコリーの一種でメキシコ原産ペカンのナッツも人気がある。同じようなナッツでもアーモンドはバラ科でモモの類。

オニグルミは五月頃房状にたれ下る雄花と枝の先端につく雌花が咲き、九月には実が熟して落ちる。直径三センチくらいの短いビロード状の表面をした球形の果実の中に核があるが、核のまわりの果肉の部分には青酸系の毒が含まれている。昔、クルミの果肉をすりつぶして川に流し、浮上る魚を捕えたというくらいだから、クルミの外側の皮は口にしないほうがよい。しかし、クルミの外側が十分に腐ってから拾おうとしても、もうその頃はリスが運んでしまっているだろう。エゾリスはもっぱらクルミを冬の餌としているので、リスよりも先にすばやくとらなければならない。春先、雪の融けたばかりの林の中で、思わぬところにクルミの殻がたくさんあるのを見つけることがある。拾ってみると例外なく鋭いノミで削ったようなリスの歯の跡があって、中身はからっぽである。

オニグルミの殻はかたくて、普通のクルミ割りでは、クルミ割りのほうがこわれてしまう。ハンマーでたたくか、万力でつぶすしかない。しかし、この殻も合わせ目のところを水につけてから火であぶるとはがれるので、フライパンなどで炒ってやればよい。

日本では凹石以来クルミ割りの道具は発達しなかったが、ヨーロッパにはいろいろなクルミ割りがあって楽しい。チャイコフスキーの「胡桃割り人形」のように主役のおもちゃをつとめるものまであるのはそれだけ需要が多いということである。

クルミは生で食べるだけではなくて、いろいろな料理に使われる。炒ってから擂鉢に入れてすり裏ごしにかける。これをあえ物に使ったり、餅につけたりする。裏ごしクルミの半量のカタクリ粉で煮つめるとクルミ豆腐。中国東北部にはホータオロ（胡桃酪）といって、もち米のかゆといっしょにどろどろになるまで煮てつくるクルミの汁粉がある。信州の山村でも、甘酒を薄めずにクルミを入れたぜんざい風のたべものをつくるところがある。簡単には大根おろしの中にいっしょにすって入れる食べ方がある。しつこい感じがするほどコクのあるたべものになるが健康によいといって毎朝少しずつ食べる人がいる。

クルミには五〇％もの脂肪が含まれているが、これが変質しやすく保存はきかない。秋にとれたものは、次の夏までに食べたほうがよい。特にむいてあるクルミは早く変質するので注意が必要。

クルミの木は、ハエ、サシバエ、アブなどを駆逐するといわれ、牧場に好んで植えられる。畜舎や堆肥場では真黒になるほどハエが多いものだが、まわりをクルミの林にしておくと、不思議にハエが少ないのだそうだ。また、クルミの木には他の植物の生長を抑える物質があって、とくにナス科のトマトやバレイショに強くはたらくというからこれは避けなければいけない。

クルミの産地は、アメリカのカリフォルニア、フランスのアルザス・ロレーヌということになっている。最近では、南米ブラジル産も多いようである。日本では断然長野県で全国の二分の一以上のシェアを持っている。北海道でも美唄にも胡桃団地がつくられ特産化をねらっている。クルミの木は材質も良く、家具材としては一級品。ヒッコリースキーといえば、古いスキーヤーには高級品であった。

殻も子供たちの良い遊び道具であった。最近の民芸品ブームの中では、クルミの殻細工も人気が出ている。表側のつやのある肌合いは機械製作にはないものだし、中側の隔壁の模様も造化の妙といえる。

こんなに有用なクルミの木をもっと公園や並木に使ったらどうかと思ったが、実は札幌にクルミの街路樹があるのである。これはシンジュの並木に間違って植えこまれたもので、若い頃の葉は植木屋さんもまちがえるほどよく似ている。しかし、肝心の実がなる頃には子供たちが集まってきて、交通量も多いその道路では困りものになっているという。リスも子供たちも安心して拾えるような静かな街にしたいものである。

コクワ（サルナシ科）——小粒のキューウィフルーツ

北海道に生えている木の実のなかでは最もおいしいもので、秋、その季節になると、山から採ってきたものを小皿にもって街頭で売っている。札幌での話だが、今年は丸善や東急デパート、駅前冨士銀行付近の街頭で、一皿三十粒くらいのものが五百円であった。

このおいしいコクワの木は、雌雄異株の植物だから、実のなる木とならない木があることになる。コクワの葉は比較的厚手でつやつやしているので、遠くから木に巻きついているのがよくわかる。茎は左巻きで太いものは直径十五センチ以上にもなる。初夏に緑白色の梅に似た花をたくさんつける。

コクワの名前はあまりにポピュラーなので本名と思って『牧野新植物図鑑』を開いてみてもでてこない。コクワというのは中部以北で通用する方言で、本名はサルナシ。果実が梨に似ていて猿が好んで食べるところから付けられたというが、北海道ではクマの大好物なので、この流儀でいえばクマナシということになるだろうか。

近くの山で目星をつけておいて、熟れておいしくなった頃にと思っていると、いつのまにかとられてしまう。まだ完全に熟さない堅いものでも、採ってきてこめびつの中に入れ、米と混ぜておくと、柔らかくおいしくなる。たぶん、米に覆われているうちにコクワ自身から出ている熟成に関係するエチレンガスの周囲濃度が高まるためではないかと考えられる。

コクワは未熟の時も成熟した時も果皮の色は緑色であまり変化がない。ただ熟するとやや透きとおるような緑になり、柔くなって良い香りがするようになる。

平安末期の一一一〇年頃成立した説話集の『今昔物語』という本に、青白い顔色をした公家を「青経の君」と仇名しているのを天皇に聞きとがめられ、酒・肴・菓子を出して謝罪の宴を開くはめになったさる殿上人が、従者四人全員に青い装束をつけさせ、一人には青磁の皿に青いコクワを、一人には青磁の瓶に酒、もう一人には青竹に青い小鳥をつけたものをもたせてきたので一同笑い転げたとでている。平安の公家たちにとってコクワはおいしい貴重な水菓子だったにちがいない。

層雲峡で、コクワの名のついた菓子を売っていて、その説明書に「現在も北海道の人々は果実を野山より収集し、米びつの中に入れ熟したものをおやつ代りとして食している人もおります。昔のまま安らかに息づく野山の自然、素朴で心豊かな山里のコクワを、シュークリームの皮につぶしあんを包んだ現代風のお菓子として再現しました」と書いてある。

アイヌの人々は果実を生食したのはもちろんのこと、蔓で「チンル」というかんじきを作った。春さき、この幹に傷をつけて、それから垂れる樹液を集めて神経痛の薬に飲んだというし、和人は同じものを脚気の薬として利用した。明治初年、北海道開拓の礎を作った黒田清隆長官は、このコクワに目をつけ、役に立つので開拓にあたってはなるべく伐らずに残すように指示をしている。また、開拓使でコクワの果実酒を試作したという。

最近、デパートなどの果物売場に顔を出しているキューウィフルーツはコクワにごく近縁の植物の実であるが、そういえばコクワを大型にしたようによく似ている。中国から台湾にかけて分布しているシマサルナシを改良したもので、今世紀の初めニュージーランドを中心に栽培がはじまった割合新顔の果物である。改良したものは天然のものより一般に大きく、見た目には立派になるが風味に欠けるのはキノコの人工栽培と同じである。

ヤマブドウ（ブドウ科）——酒の元祖

ヤマブドウといえばブドウ酒を思い出すほど切っても切れない関係がある。池田町の十勝ワインは原料として最初は付近の山にいくらでもあるヤマブドウを利用することからはじまったといわれる。

ブドウ酒の造り方を人類が何時どのようにして覚えたかについては、いろいろな説がある。岩のくぼみに落ちて集まったブドウの実が野生酵母のはたらきで、自然に発酵したのを見て知ったとか、サルが山の果実でつくるサル酒を人間が真似たとかいろいろの話もあるが、壺の中に貯えておいたものが自然に発酵してブドウ酒になったのが最初のきっかけとみるのが自然かもしれな

い。

もちろん、今はブドウ酒をつくれば酒税法違反の密造ということになるのだろうが、天与の恵みを楽しむ段階にとどまっているうちは、長い冬にとじこめられるわれわれへの思いやりとして認めてもらうわけにはいかないものだろうか。

ヤマブドウはもちろん生食もできる。かなり酸っぱくたくさん食べると舌先が荒れる。霜が降りて葉がすっかり無くなって寒々とブドウの粒がぶら下っている頃のが一番おいしい。ジュースにするのも、一寸しぶみがあるがおいしいものである。

このヤマブドウの実をアイヌの人々は「はツ」と呼んだ。コウライテンナンショウの根の毒抜きが不完全で中毒した時の解毒剤としてこのヤマブドウの実が使われた。これには次のような物語がある。昔、ヤマブドウとコウライテンナンショウが喧嘩した時に、ヤマブドウが勝った。それ以来ヤマブドウは優位に立って空（樹の上）にコウライテンナンショウは地下に住むようになったのだという。そして今でもコウライテンナンショウはヤマブドウに負けるのである。

ブドウは漢字で「葡萄」といううむずかしい字をあてているが、これは「蒲桃」に由来し、その蒲桃は漢の時代すなわち西暦元年頃、中央アジアのアラル海にそそぐシルダリヤ河中上流地域、いまのソ連のカザフ、ウズベク、タジク共和国のあるところに栄えた大宛（ダイエン）国の土語の budaw にもとづく音訳字だという説と、ギリシア語の botrus が中国に入って葡萄に音訳されたという説、ウズベク語が起源だという説などいろいろだが、大和言葉でないことはもちろん、漢語でもないことは確かで、ブドウの原産地といわれる中央アジア、中近東あたりから入った言葉のようである。

ヤマブドウは「秋を彩るカエデやツタの……」と小学唱歌に歌われているツタと同じくブドウ科の仲間なので、赤黒く色づき始めてから燃えるような真紅になるまでの紅葉は実に見事である。

コケモモ（ツツジ科）――荒原のルビー

コケモモはツツジ科の仲間で、本州ではれっきとした高山植物であるが、北海道では山地はもちろん平地の泥炭地や海岸草原にもみられる。さらに緯度の高い北方ツンドラ地帯になると、ごく身近に普通にみられる植物となっている。二十センチくらいの背の低い木で、地下茎で伸びるので一箇所に群生している。葉はつやつやした光沢があってツゲの葉のような形をしている。秋に葉の一部がきれいな紅葉になる。近頃は高山植物・山草ブームで、いろいろな高山植物を盆栽にしているので、このコケモモも盆栽にしようとして、山から取ってきても湿地性のものはなかなか活着しない。それでも札幌付近ではうまく育てれば庭に群生するようになる。

コケモモ

果実は植物体の割りには大きく、真赤に熟れたものは甘酸っぱい味がする。塩漬にして梅干の代わりにしたり、砂糖漬にしたりする。ジャムやゼリーに加工したりフレップ酒をつくったり、可憐な果実にしては用途の広いものである。

フレップはコケモモのアイヌ名のように思われているが、これは赤い実の総称なので、タルマニフレップといえばオンコの実のことである。

ツツジ科の果実は、ツツジやシャクナゲのように乾いた果実（蒴果）をつけるグループとコケモモやツルコケモモのように多汁の液果をつけるものがある。この液果の大部分は食用になるが、ツルコケモモの類をクランベリー、クロマメノキなど青黒い実のなるものをブルーベリーと呼んで、欧米では早くから小果樹として栽培されている。いずれも冷涼な気候を好むので、本道でも少し前から農業試験場で育種がおこなわれ、試作されている。

外国では野生の木の実の利用は積極的で、一九〇六年の宮部金吾博士の『樺太植物調査概報』によるとコケモモについて「露人ハ果実ヲ採集シテジエリーヲ造リ大ニ賞用ス、土人モ亦アザラシ等ノ油ヲ以テ煮テ食ス」とある。フランスのミルテールはコケモモを原料とした酒である。コケモモの酸味を利かしたソースを肉にかけると、ボリュームのあるビフテキでもペロリと平らげられる。北欧ではトナカイや白熊の肉を観光客に食べさせるが、これにもコケモモソースがかけてある。食後には粒のまま甘く煮たコケモモがデザートに出るなど、いかにも北の森の恵みを生かした料理となっている。

コケモモの葉に含まれているアルブチンは、利尿効果があり、乾燥した葉は腎臓病に効くとされているので、果実酒にも薬用酒としての効果が期待される。東京あたりのデパートでは、樺太産のコケモモの実をソ連から輸入して、果実酒用、ジャム用として売っている。森の宝物もはるばる輸入される世の中になった。

マタタビ（サルナシ科）――又旅に出る

「猫に小判」の反対の意味が「猫にマタタビ」である。これには後半もあって「猫にマタタビお女郎に小判」「猫にマタタビ泣く子にお乳」「猫にマタタビ子供にカンロ」等と使われる。猫およびその親類には絶大な人気を博す植物で、茎でも葉でも実でもよい。この成分はマタタビラクトンとアクチニジンと呼ばれる物質で、子供の猫と牝猫には効かないから性ホルモンに近いものではないか、といわれている。あのトラでさえ酔っ払って背中を地面にすりつけ、よだれを流しながら目をうるませた、というから人間のトラ以上である。

高校時代の生物部で、学園祭に猫の解剖を実演することになった。実験動物を買う予算もない

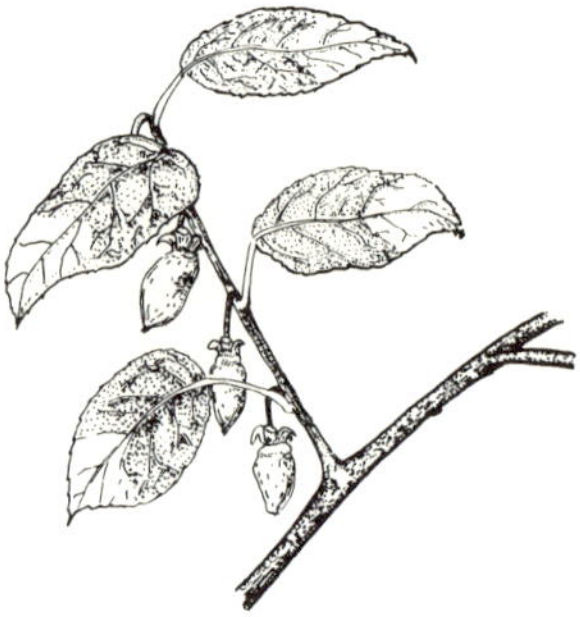

ので、マタタビの粉を持って部員が町へ猫を誘惑に行くことにきまった。首尾の詳細はともかく、帰ってきた彼氏は目の近くに猫の爪跡を受けながらも一匹の猫を連れていた。猫君もマタタビの誘惑の中に「解剖」の殺気を感じたのであろう。

マタタビによく似たミヤママタタビというのがあって、実の形や葉の感じはややコクワに似ている。この方はマタタビのような効果はなくてネコマタギだ、という説と、いや効果があるのだ、という説に分かれている。前者は小樽の新村という方の観察によれば、庭に植えた時に猫にやられるマタタビとそうでないのがあり、やられない方を調べてみるとミヤママタタビであった、という。一方千葉県の盆栽研究家岩佐氏の観察は、マタタビの盆栽が猫にやられるので、代わりにミヤママタタビの苗を植えたところ猫が根本を掘ったり、枝の皮をはいだりして枯らしてしまったというものである。

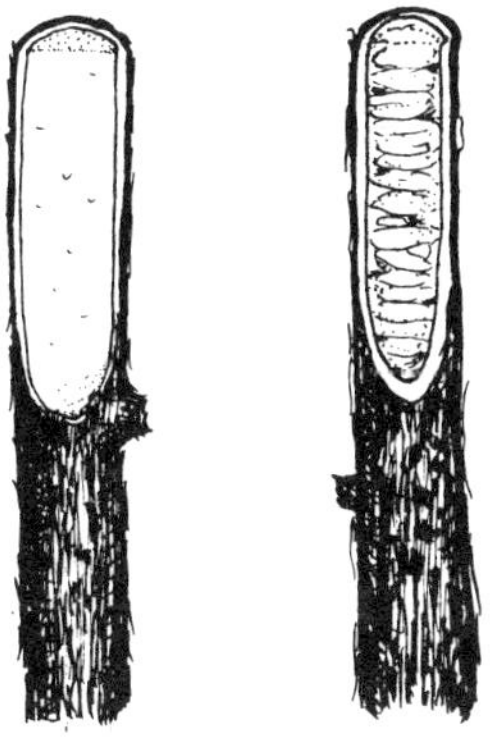

マタタビとミヤママタタビの髄のちがい

北海道ではマタタビもミヤママタタビも珍しいものではないから、あちこちで実験してみるのも面白いだろう。

マタタビはコクワの名で呼ばれるサルナシに近いつるになる木で、年に三メートルは伸びる。葉

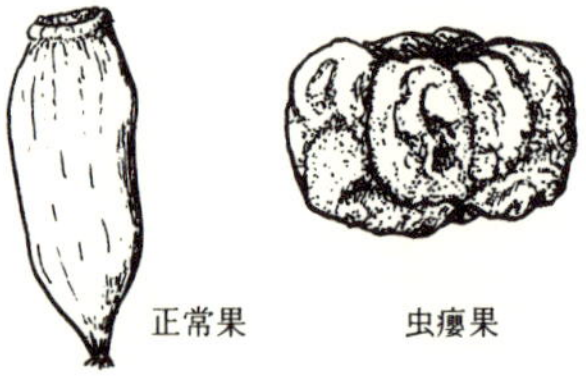

マタタビの実

はコクワより薄くて光沢がない。この若芽は辛味があって、摘んで食べることができる。夏の頃になると、葉の半分または全部が白く変る性質があるので、遠くから見ると白い花が咲いたように大変よく目立つ。これは、花が目立たないので代わりに葉が白くなって虫を呼ぶのだ、と説明する人もいるが、確かなことはわからない。花は五弁で梅の花に少し似ているので昔はナツウメとも呼んだ。また、北海道では見られないがチャの花にも似ている。実はマタタビやコクワの属するサルナシ科とチャの属するツバキ科とは植物の系統分類のうえで縁の近いものである。

花のあとに実がなるが、コクワに比べてずっと細く、先が尖っている。青いうちは辛味があって、この頃のものが集められて塩漬け、ビン詰めにされて観光地などで売られている。疲労回復、精力回復に効くとも、胃の働きを良くするともいわれている。葉が落ちる頃には黄色く熟し、甘味が出て生食できる。

コクワやミヤママタタビは雌雄異株で実のならない雄木があるが、マタタビの方は雌雄同株だから、「雌花の咲いたのを確かめて」という手間はかからない。

「マタタビ」の名は「旅人がこの実を食べるとたちどころに疲労が回復し、又旅に出られる」からだという。この説は江戸時代から広く使われている。故松村任三博士は日本語の語源は漢字が伝わる前に伝わった中国各地の発音（なまりを含む）に求めるべきだ、として、マタタビには「味・大・威」をあてた。「wat-ta-bi」と読み「あじ・大変・辛い」の意味であるという。

最近ではアイヌ語の「マタタンプ」からの転化ということになり、知里博士は「マタ」は「冬」、「タンプ」は日本語で冬に木から下る「つと」の「たぶ」ではないか、とした。一方牧野博士は「マタ」は「冬」、「タンプ」はアイヌ語で「亀の甲」で虫えいを亀の甲に見たてたものだ、と言っている。「タンプ」をめぐってアイヌ語学者と植物学者の見解の相違がみられる。延喜十八年（九一八年）に書かれた『本草和名』には「和多々比」、延長五年（九二七）の『延喜式』には「和太太備」と出ているから、また別な語源があるのかもしれない。

果実は果実酒や塩漬けにして酒の肴に利用される。普通には薬用としての利用が知られており、猫の万能薬はもちろん、果実に虫が寄生してコブ状になったものを木天蓼《もくてんりょう》と呼んで、服用すると身体が温まり、神経痛、リウマチ、腰痛に効果があるという。初夏の頃にツルを切り、切り口から出る水を集めて飲むと胃に良いのだという地方もある。

江戸時代には「蓬莱金蓮枝《ホウライキンレンシ》」と優雅な名前も使われていたことが『花彙』という日本で最初の科学的植物図鑑に出ている。

ナラタケ（シメジタケ科）——樹木の害菌

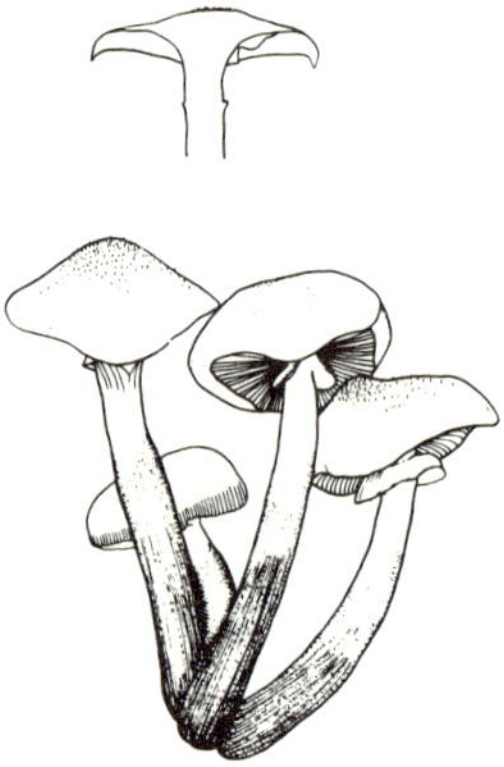

ナラタケといえば、はてなと思われる方がいるかもしれないが、ボリボリといえば大方の人はうなずくほどボリボリの名が通っている。しかし、ナラタケのほかに川の土手や草地に生えるツチスギタケのこともボリボリということもあるのでややこしい。

日本中どこにでも生えるキノコなので地方による呼び名も千差万別である。オリミキ、ボリメキ、ナラモタシ、ヨシタケ、ツバモタシ、カックリモタシ、ヤジキノコ、ナラブサ等々である。

このキノコは分布も広いし、寄生する樹種も広く、ほとんど木を選ばない。たいていの寄生菌は少なくとも針葉樹と広葉樹の区別くらいはするものだが、このナラタケはどんな樹でもかまわない。木の切株、朽木、埋木、時には生木などに多数発生する。北海道では、カラマツ、トドマツなどの造林木に寄生して腐朽させたりすることがあるので林業仲間からは害菌として嫌われている。

寄生する樹種および寄生状態が多種多様のせいか、ナラタケ自身も千差万別で、茎の長さも短いものは二センチくらいから、長いものは二十センチを越えるものまである。茎の色なども、うす褐色から黒褐色ないし紫色をおびたものまで、これがナラタケかと思うほど変化がある。

林業関係者に嫌われる菌でも、食べてこれほどダシの出るおいしい食菌はない。ナラタケの味噌汁は最高である。おいしいからといって、あまり食べると腹をこわすというが、キノコは元来あまり消化のよいものではない。楽しみだけに食べるものである。

樹木の害菌であるこのナラタケの菌糸を食べる植物があるのだから世の中は複雑だ。ランの一種でオニノヤガラ（鬼の矢幹）という葉のまったくない植物がある。このランはジャガイモのような根の中にナラタケの菌糸をとり込んで養分にしている。このオニノヤガラの根はアイヌの人に「ウニンテップ」と呼ばれ大切な食料となっていた。木↓ナラタケ↓オニノヤガラ↓人と廻ったり、最後の人間が出す二酸化炭素から木は炭水化物をつくって振り出しに戻ることを考えると、害菌、害菌と声高にいうのも人間の勝手というもので、ナラタケにとっては、いい迷惑である。

ハナイグチ（アミタケ科）――落葉きのこ

古川柳に、

茸狩は紅葉狩より世帯じみ

とある。黄色に色づきはじめたカラマツ林の中はこのように世帯じみた人々が地面を必死ににらんで歩きまわる。北海道の人はラクヨウと呼ぶハナイグチが好きで、集めて八百屋に売る人までいる。

このハナイグチは生きたカラマツの根から養分をとって生活している（外生菌根を形成するという）ので、マツタケと同じに人工培養ができず、もっぱらカラマツ林に出るものを採集している。

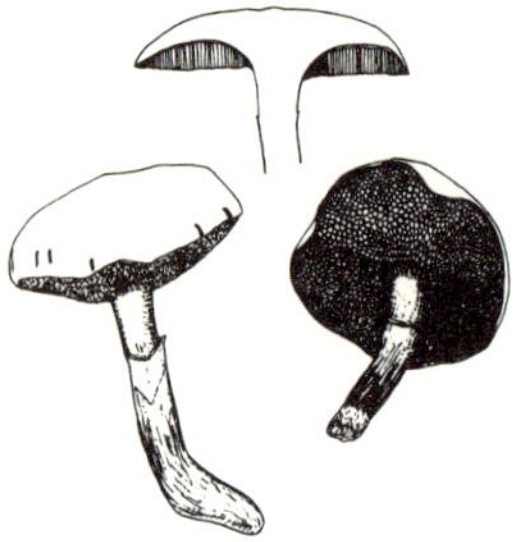

カラマツは信州の山や富士山を故郷とする木で、北海道に昔からあった木ではない。天明元年に松前藩の松前広長がまとめた『松前志』の樹木部には「富士松……一名葉落松と云ふ、東都にてはカラマツと云へり。此樹本名金銭松と云、其旨（稲生）若水が別集に見へたり。此木春二月頃より漸く青芽を生じ、三季のうちは燦然たる緑色比するに物なし。秋九月頃より葉を黄に染て、神無月の末霜をうけて葉をふり出てとゞめず。冬枯の景色却て感興あり」とあるから松前には古くから植えられてはいた。しかし植林として北海道に大量に植えられたのは明治の中頃で、明治三十一年に設けられた道内十六箇所の国営模範苗畑でカラマツ苗木を養成して各地に配布したという。札幌市羊ケ丘の農業試験場のカラマツ並木は明治四十年に植えた記録があるから、道内のカラマツでも古い方だ。

明治の中頃から末にかけて植林されたカラマツ林にラクヨウが出はじめたのは明治の末から大正にかけてであったろうから、北海道でのラクヨウの利用はまだ七十年くらいのものである。利用の面からみると比較的新しいキノコだといえよう。

ハナイグチはカサの表面が赤味を帯びた茶褐色で粘り気がある。茎は太く黄色味があり、上の方にはツバがある。このツバは若いものではカサの縁につながって膜になり、古いものでは消失して跡だけ残る。最もよい特徴はカサの裏が普通のキノコのようにヒダにならず、海綿状になっていることである。カサを縦に切ってみると、細い管が集まったものであることがわかる。これは管孔と呼ばれ、ヒダと同じにここから胞子が出る。ハナイグチの場合には管孔の色は薄い黄色である。

サルノコシカケのように硬いキノコにも管孔があるが、ハナイグチのように柔かいキノコで管孔を持つグループはイグチ類としてひとまとめにされる。この仲間には毒キノコが今のところ見つかっていないので、キノコ狩りの目標として安全なものである。ヤマドリタケ、アカヤマドリ、アカジコウといった優秀な食菌から、ヤマイグチ、イロガワリ、シロヌメリイグチ、ゴヨウイグチ等林の中で普通に見られるものまで種類も多い。猛烈な苦味のあるニガイグチの類を除けば中毒の心配のいらないキノコである。イグチ類の管孔は消化が悪いのと古くなって腐っている場合があるので、ツメの先などで削り取って食べるのがコツである。

「イグチ」は「猪口」と書き、そのカサの形からつけられた名前だといわれる。ハナイグチの方言名には「ラクヨウイグチ、カラマツイグチ、ラクヨウキノコ、カラマツタケ、カラマツモダシ、ジコウボウ」等がある。本州方面ではカラマツがあっても気候の関係であまり多量に発生しないためか、北海道で騒ぐほどには好まれていない。この点ではタモギタケも同様で、北海道のように栽培してまで食べようということはないようだ。

福島県「北海道や青森のようには余り多くの発生を見ない。……歯切れのよいキノコで……とうふ汁、卵とじ、野菜いためにする」、山形県「主に松類の林の地上に、夏秋季群生、時に叢生する。……味もよい方であろう」といった東北二県の評価に対し、北海道では「〝ラクヨウ〟といえばだれもがうなずくこのキノコは、本当はハナイグチといい、しばしば食ぜんにのぼる優秀なキノコである」とべたほめになってくる。

北海道では特にカラマツ造林が盛んで、造林面積の半分以上を占めているから、ラクヨウキノコの発生条件としてはまずまず安定しているといえよう。カラマツ林にはラクヨウ以外にも数十種のキノコが発生する。ハボタンのように真白で大きな固まりになるハナビラタケもカラマツの心ぐされをおこしながら根もとに出る。落葉の上に黄色いキクの花弁を散らしたようなカベンタケも出る。ラクヨウ以外のキノコを蹴散らして歩くのではなく、こうした他のキノコの様子もよく観察してみるならば、秋のキノコ狩りも世帯じみたものから脱出できることであろう。

マイタケ（サルノコシカケ科）——マツタケもびっくりの高値

担子菌類ヒダナシタケ目サルノコシカケ科に属する。この仲間にはマスタケとかアミヒラタケのように若いうちに食べるものもあるが、一般的には木質化して食べられないものが多い。しかし、最近はこの仲間に制ガン成分があるとして注目されている。そのおかげでコフキサルノコシカケやカワラタケがびっくりするような高値で取り引きされるという。人の弱みにつけこんだ暴利でなければよいが。

このマイタケも値段をつけると一キログラムで一万円以上はするというからマツタケもびっくりというところ。何でそんなに高値になるのか、味が良くて稀にしか手に入らないからだが、それ以上に社会心理的なものだろうと思う。マイタケはありがたいキノコで高いのがあたり前という世間の評価が固まっているせいだろう。これが昂じると迷信の域に達する。マイタケの名前の由来は、このキノコを採るとうれしくなって舞い出すからだというのがある。たまにしか見つからぬ美味のキノコの大株を見つければうれしくもなろうが、キノコを持って舞い出すというのも、ちと出来すぎの由来である。このキノコを食べるとおいしくて舞い出すというのもあって、『今昔物語』の本朝世俗部巻第二十八に「尼ども山に入り、茸を食ひて舞ふこと」というのがある。「京都の北山で道に迷った樵が、山奥で踊り狂っている尼数人に会う。魔女かと思ったが訳を聞くと、尼たちも道に迷って空腹のあまり、そこに生えていた茸をとって焼いて食べたところ、自然に舞い出したのだという。樵も空腹だったので、尼の残した茸を食べたところやはり同じように踊り出した」という話。「それより後、この茸をば舞茸といふなりけり。ちかごろ、その舞茸あれども、これを食ふ人必ず舞はず」と結んでいる。牧野富太郎氏によれば、この時食べた茸はマイタケではなくて、ワライタケであったろうと推察している。しかし、木樵も迷う山奥にはワライタケはあまり出ないし、出ていても、小さくて焼いて食べようという気にはならない。普通は無毒でも生育している場所や時期によって毒成分を持つということがキノコにはよくあることで、マイタケを食べて舞うこともあるとするほうが、『今昔物語』の説話にふさわしいだろう。

マイタケの舞は、人間のほうではなくて、キノコのほうが乱舞しているのだという説は、このキノコの重なり合った形からきている。根元の茎は太く、それがたくさんに枝分れして、扇形やイチョウ形のカサをつけ大株になる。この形に似ているものにハナビラタケ（コウヤクタケ科）がある。こちらは、重なり合うのではなく全体がつながっているようにひらひらしていて、色も淡黄色できれいな花のようにみえる。それでも別名を土マイタケとか花マイタケとかいってマイタケにあやかっている。味はシコシコした舌ざわりが特徴でマイタケと同じように使える。

アイヌの人々は、食べものとしてのキノコにはほとんど関心を示さなかったが、このマイタケだけは別格で、「ユク・カルシ」、熊のキノコと呼んで、熊同様の貴重な獲物として珍重した。知里真志保博士は『分類アイヌ語辞典』の中で、「……つまり熊をとるような気持なのである」と解説している。そしてマイタケを見つけると、熊をとった時と同じように、男はフォー！フォー！と高らかにときの声をあげ、女たちは、オノンノ、オノンノ（うれしい、うれしい）と唄いながら、マイタケのまわりを舞ったという。これはまさに舞茸であった。

近頃ようやくマイタケの人工栽培が成功したので、将来はもっと身近なキノコになるだろう。

シメジ（シメジタケ科ほか）――いろいろあるが味シメジ

シメジの名のつくキノコの数は多い。色ではシロシメジ、ハイイロシメジ、キシメジ、ムラサキシメジ（カット）、アイシメジ、シモフリシメジ、サクラシメジ等、形状や性質からはツブエノシメジ、シャカシメジ、ミネシメジ、ハタシメジ、ハタケシメジ、サカズキシメジ等があり、毒キノコにはイッポンシメジ、ホテイシメジ、カキシメジ等がある。これらは分類上シメジに近いものばかりとは限らない。昔から「匂い松茸　味シメジ」と言われ、シメジは美味しいキノコの代名詞になっているが、本物のシメジ（ホンシメジ）はあまり特徴のないキノコなので素人にはあまり採れないから、はじめに列記したような別物でがまんするしかない。最も近いのが、畑や芝

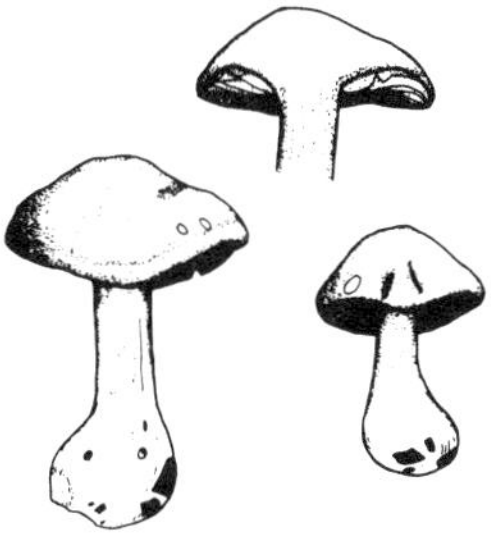

生に生えるハタケシメジで、本道ではクロシメジと呼ばれることが多い。

それでもホンシメジに対するあこがれが強いのか、最近ではパックされたものが八百屋の店先に並ぶようになった。これはウソつき商品の一種で、ヒラタケというキノコを栽培したものである。普通の状態ではヒラタケにはまったく茎が発達せずにカサだけが枯木から出てくるように見える。このヒラタケをほだ木等で培養して、キノコ（子実体）のでき始めの時に厚紙でカラーを作ってかけてやると、その分だけキノコが上に伸びて茎の部分ができる。本物のシメジと異なる点は、ヒダがカサから茎にスーッと流れてついていることで、ホンシメジの方はヒダがカサの下についていて茎までは達しない。ヒダのつき方はキノコを見分ける上で重要なポイントである。

こうして出来たヒラタケの有茎型というべきものが「シメジ」の名で売られるわけで、料理の本にもそう書かれているから大変な混乱をおこしていることになる。ヒラタケは『今昔物語』に出てくるくらい古くから知られた食菌で、恐らくシメジより古くから利用されたと思われるし、外国でも oyster mushroom と呼ばれて好まれているのだから、そのまま「ヒラタケ」の名で売ってほしいものである。

江戸時代の料理書の記録から、十九世紀前半くらいの江戸と上方のキノコの利用状況のちがいを調べた人がある。十五種のキノコのうち、江戸での使用例の多いのは、シイタケ、マツタケ、ハツタケ、キクラゲ、ショウロ、イワタケ、エノキタケの順であり、上方ではシイタケ、イワタケ、コウタケ、マツタケ、シメジ、ショウロの順となっている。

シメジは上方で五位に入っているが、江戸では九位で、人気がなかったのか、手に入りにくかったのかいずれにしても「味シメジ」にふさわしくない位置である。なお、この中のイワタケは正確にいうとキノコの仲間ではなく、地衣類である。

札幌中央卸売市場では持ち込まれるキノコに毒菌が入っていないかどうかチェックする専門の人がいて、扱うことのできるキノコの種類も規則で決っている。そのうち「シメジ」の付くキノコは、ホンシメジ、ハタケシメジ、ムラサキシメジ、ハイイロシメジ程度である。市場を通ったものはまず安心してよいが、それ以外のルートで入ったキノコは矢張り注意が必要である。

毒キノコを食べる時には「シメジだと思って」食べてしまうことが案外多いものである。シメジだと思う根拠は、カサに粘液や特別の付着物がなく灰色から黒色、茎はツバもツボもなく上下同じ太さか下方がやや太い、茎は縦に裂ける等といったもので、はなはだあいまいきわまる。見た瞬間に「食べられる」と思い込むのが一番危険なことで、こういうキノコを見つけたら、ヒダの色をよく観察してピンク色をしているものがあったら必ず捨てる。これが「シメジと間違えて」中毒するのを避ける第一歩である。その他、毒菌の大関といわれるドクツルタケの若いものをシロシメジと思い込んで死んだ例もある。

ホテイシメジは酒と一緒に食べると、少しの酒でもメロメロに酔えるという経済的（?）な毒キノコで、秋になるとこれを欲しがるのんべえが案外いる。

シメジの名は地面一杯に広がるから「占地」だともいうが、江戸時代の百科辞典『和漢三才図会』に次のように書いてある。

「湿地茸　俗云之女知

按湿地茸ハ生ス二原野湿地ニ一故ニ名クレ之ヲ状似テ二松茸ニ一而小ク不レ過キ二寸許ニ一……」

これも定説とはなっていないようだ。

エノキタケ（シメジタケ科）——雪の下にも出るきのこ

エノキタケ

最近は人工栽培のエノキタケやシメジがマーケットで四六時中売られている。それで、たいていの人はエノキタケといえば、鍋料理によく使われる茎が細くて長いソウメンのような形が本来の姿だと思っている。これを見なれた人は、秋のキノコとりの時に、本物に出会ってもエノキタケとは思わずに不審な顔をする。

栽培エノキタケがポピュラーになったのは、近年の技術革新の成果の一つにはちがいないが、栽培の歴史は比較的古い。はじめはホダ木を使って米のとぎ汁をかけたりして栽培していたので、生えるエノキタケは野生のものに似た形をしていた。ただ生える量はごく少ないものであった。

現在のように、おが屑を使ったビン詰め栽培は、長野県の松代町に近い西條中学校の先生の長谷川王作氏苦心の考案になるものである。一九三一年のことで、当時は満州事変が勃発、社会情勢も緊迫していたせいか、先生ともあろう者がキノコづくりなどに精を出してと軍部ににらまれたという。しかし、冬季の出かせぎに苦しんでいた農民の関心が集まったが、ビン栽培を可能にするのには適当な温度と湿度が必要で、当時はこの生育条件を企業的に確保するのが大変むずかしかった。そこにあらわれたのが巨大な防空壕という話。満州事変が支那事変に拡大し、さらに第二次世界大戦と進んで、戦況も不利になり、大本営と皇居を疎開するため、西條村に巨大な地下の松代大本営がつくられた。移転前に戦争が終って、この壕は使わずじまいになり、無用の長物となるところであったが、因果はめぐるというか、この壕がエノキタケのビン栽培に恰好の場所として注目され、王作先生らの指導で、やっと実用栽培技術が確立し、今日のように広くおめみえするようになった（青木恵一郎著『さくもつ紳士録』）。

エノキタケはエノキに生えるのでこの名が付けられたが、しかし、生える木はエノキに限ったことではなく、いろいろな広葉樹の枯木に生える。北海道ではヤナギ、ハンノキ、ハルニレなどに生える。

このキノコの大きい特徴の一つは、雪が降るようになって、他のキノコがシーズンオフになっても生えるし、雪がまだ残っている早春にもみられるほど耐寒性の強いことである。栽培のエノキタケとは似ても似つかぬ形で、カサは二～十センチでまんじゅう形から扁平に開き、黄褐色ないし栗色で、中央部はやや濃い色をしている。柄の下半部は暗褐色で短い毛が密生している。栽培エノキタケの弱々しさとちがって、これなら雪にも耐えられると思わせる逞ましさがある。もちろん味は濃く、人工のものは足もとにも及ばない。

カサがヌルヌルと粘液質のキノコには毒キノコはないという俗説もあるように、ナメコ、ラクヨウ、コクリノガサ、そしてこのエノキタケと、みなおいしい食茸である。

あとがき

本書を読んで、「自然」にどっぷりつかったつき合いかたがあるものだと感じていただけたら幸である。共著の三人は生まれも育ちも異なり、山菜に対する見方でも少しずつちがう。このことが逆にお互いに影響しあって、強固なトリオをつくりあげている。料理自慢の高畑、植物にくわしい森田、古いことなら山本とそれぞれの特徴を生かしたのが第I部である。これに対して第II部では、共同して資料を集め、書いた原稿を各人にまわして書き直させるという方法をとり、どの項にも三人の持味があらわれるようにした。第II部の配列はおおむね出現する季節順とした。

第II部を書くにあたって、できるだけ体験した実際の話にしたいと思い各人とも涙ぐましい努力をした。山本は得体の知れないキノコを食べて（自分では得体が知れていると思ったのだが）目がクラクラと幻覚症状になったし、森田は次の日から出張という晩に食べたキノコのおかげで病院で点滴を受けるはめにおちいり、高畑はエゾニワトコの葉を食べて下痢に悩まされたりと、書きだしたら失敗誌ができる程であった。

こんな努力？が認められてか、数年前に某新聞社の連載記事に協力することになり、森田が中心になって資料を整理し、植物画まで書いて渡したのが評判がよく単行本としても出版された。

これにいささかの自信をもち、山本の退官記念にもと思ってとりくんだのだが本書である。書き終ってふりかえると、すこし北国のロマンあふれる香りというものに欠けていたのではないかと残念に思う。北海道には本書でも触れた、美しい草花のロマンに満ちた物語をつづった名著『はな』があるが、著者の川上、森両氏（札幌農学校出身）とは八十年のひらきがあるとはいえ、同じ北海道に住む私達も、こんな夢のある山菜物語が書きたいというのが希望であった。きびしい現代にあっても、単なるノスタルジアでなく、未来に向かう新しいロマンを山菜に求めていくことが、私達の次の課題だと思う。その意味からも、本書の内容について読者諸賢の忌憚のない御意見をたまわりたい。

私達に山菜への興味と知識を与えてくれた坂本直行さんに、カバーや扉の絵を描いていただいた。また、この本の計画から出版まで、北海道大学図書刊行会の前田次郎・田宮治男両氏には並々ならぬお世話になった。ここに合わせて厚く御礼申し上げる。

一九八〇年三月二十一日

山本正
高畑滋
森田弘彦

索　引

ス

セ

ソ

タ

チ

ツ

ヒ

フ

ヘ

ホ

マ

ミ

ム

モ

ヤ

ユ

ヨ

ラ

リ

ル

レ

ロ

ワ

〈著者紹介〉

山本　正（やまもと　ただし）

1918年　札幌市に生まれる

1945年　台北帝国大学農学部卒業

農林水産省北海道農業試験場に勤務。専門は大豆の冷害生理

1998年　死去

高畑　滋（たかはた　しげる）

1935年　東京都に生まれる

1959年　東京農工大学農学部卒業

農林省関東東山農業試験場，北海道農業試験場，林業試験場北海道支場，熱帯農業研究センター，東北農業試験場に勤務。専門は草原生態学

森田弘彦（もりた　ひろひこ）

1947年　東京都に生まれる

1970年　北海道大学農学部卒業

農林水産省北海道農業試験場，熱帯農業研究センター，農業研究センター，九州農業試験場，独立行政法人農研機構中央農業総合研究センター，九州沖縄農業研究センター，中央農研北陸研究センターを経て，現在，公立大学法人秋田県立大学生物資源科学部教授。専門は雑草科学および作物生態学

北海道山菜誌

1980年5月25日　第1刷発行
2009年3月25日　第3刷発行

著　者　山本　正
　　　　高畑　滋
　　　　森田弘彦

発行者　吉田克己

発行所　北海道大学出版会

札幌市北区北9条西8丁目　北海道大学構内（〒060-0809）
tel. 011(747)2308・fax. 011(736)8605 http://www.hup.gr.jp/

㈱アイワード

ISBN978-4-8329-1222-9